KB151471

개정 증보판

논문작성을 위한 SPSS 실전 통계분석 쉽게 배우기

유성모 지음

SPSS Statistical Analysis
for Writing a Thesis

- 통계모형, 수학 기호.수식이 어려운
  연구자를 위한 안내서
- 일반적인 연구문제 중심의 기술
- SPSS 출력결과와 해석을 이용한
  논문작성을 위한 실질적 내용

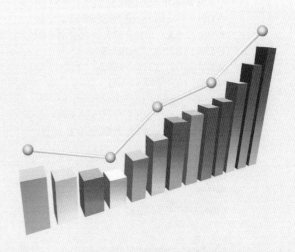

황소걸음
아카데미
Slow & Steady

논문작성을 위한 SPSS 실전 통계분석 쉽게 배우기

펴낸날 | 2021년 3월 1일 개정 증보판 1쇄
지은이 | 유성모
만들어 펴낸이 | 정우진 강진영
디자인 | 김재석(carp518@hanmail.net)
펴낸곳 | 서울시 마포구 토정로 222 한국출판콘텐츠센터 420호
편집부 | (02) 3272-8863
영업부 | (02) 3272-8865
팩 스 | (02) 717-7725
홈페이지 | www.bullsbook.co.kr
이메일 | bullsbook@hanmail.net
등 록 | 제22-243호(2000년 9월 18일)

황소걸음
아카데미
Slow & Steady

ISBN 979-11-86821-55-8   93310

교재 검토용 도서의 증정을 원하시는 교수님은
이메일로 연락주시면 검토 후 책을 보내드리겠습니다.

머리말

　실증기반 연구를 수행하는 석박사 과정의 대학원생 및 연구자를 대상으로 강의를 하고 연구에 대한 조언을 하면서 느껴온 것은 통계적 방법에 대한 전문서적과 SPSS 통계 패키지를 이용하여 통계분석을 수행하는 방법에 대한 책은 많지만 연구자의 입장에서 적절한 통계적인 방법을 제시하고 출력된 결과에 대한 올바른 해석방법을 제공하는 책은 거의 없다는 것이었다. 이와 같은 현실적인 아쉬움을 기반으로 저술한 책이 <논문작성을 위한 SPSS 통계분석 쉽게 배우기>와 <논문작성을 위한 SPSS 실전 통계분석: 매개효과, 조절효과, 위계적 회귀분석을 중심으로>이다.

　이 책은 실증기반 연구를 진행하는 연구자를 위한 SPSS 통계분석 안내서로 내용적으로는 앞의 두 책을 합본한 것이며, 사용된 SPSS 버전은 25이다. 제1장에서는 연구를 어떻게 진행하여야 할지를 모르는 연구 초보자를 위한 논문작성의 기초단계로 연구주제를 선정하는 방법, 연구가설과 연구모형의 기본적 개념, 연구의 설계, 자료수집의 단계를 설명하였다. 제2장에서는 이 책에서 예제로 다루고 있는 설문조사 데이터, 실험연구 데이터, 실습 데이터에 대한 설명과 SPSS 실행 및 화면에 대한 기본적인 설명을 하였다. 세 종류의 데이터는 연구자가 일반적으로 접하게 되는 데이터와 유사한 형태로 연구자 개인의 데이터와 개념적으로 호환성을 가질 수 있도록 하였다. 그리고 설문조사 데이터와 실험연구 데이터에 대하여 연구자가 일반적으로 관심을 갖고 있는 연구가설의 형태를 설명하였다. 연구가설의 형태는 조사연구 및 실험연구에서 일반적으로 제기되는 가설의 형태를 취하고 있기 때문에 연구자 각자는 자신의 연구가설의 형태와 일치하는 관심 내용을 찾고 응용하는 것이 중요하다고 본다. 제3장에서는 앞 장에서 제시된 연구가설의 형태에 따른 SPSS 통계분석을 수행하는 방법과 그 출력결과를 해석하는 방법, 그리고 그 출력결과를 활용하여 논문을 작성하는 방법에 대하여 기술하였다. 제4장에서는 매개효과와 조절효과 분석을 다루었으며, 제5장에서는 위계적 회귀분석 및 최적모형 탐색기법을 다루었다. 제6장에서는 앞에서 다룬 내용 중 학술논문에서 실질적으로 많이 활용되고 있는 분석방법을 다루었다.

이 책의 제1장, 제2장, 제3장은 매우 기초적인 내용을 담고 있으며, 내용을 기술하는 원칙은 다음과 같다. 첫째, 통계모형을 비롯한 수학적인 기호 및 수식에 익숙하지 않은 연구자들을 위하여 수학적인 기호는 가급적 자제한다. 둘째, 통계분석모형 위주의 기술이 아닌 연구자가 일반적으로 접하는 연구문제 중심으로 기술한다. 셋째, SPSS 출력 결과에 대한 해석과 이를 이용하여 논문작성을 할 수 있는 실질적인 내용을 기술한다.

이 책의 제4장, 제5장, 제6장은 연구자가 학술논문 토고 또는 학위논문 작성을 위해서 일반적으로 많이 쓰고 있는 통계적 방법을 다루고 있기에 최소한으로 필요한 정도의 수식을 토대로 설명하였다.

이 책이 세상에 나올 수 있었던 것은 국제뇌교육종합대학원대학교 동료 교수, 황소걸음아카데미 강진영 이사님, 필자의 여러 제자들의 지속적인 요구와 독려 덕분이다. 필자는 대학원에서 양적연구조사방법론을 강의하고 석박사 학위청구 논문을 지도하고 심사하면서 좀 더 연구자의 입장에서 기술된 통계분석 교재 집필의 필요성을 절실하게 느껴왔지만 특유의 게으름으로 집필을 차일피일 시기를 미루어 오다가 인생 120세 시대에 반환점을 완주한 해의 겨울을 이용하여 이 책을 집필하게 되었다.

아무쪼록 이 책이 실증 데이터를 기반으로 과학적인 연구를 진행하는 석박사 과정의 대학원생, 연구원, 통계학을 전공하지 않은 교수님들에게 도움이 되어 관련 학문분야의 과학성에 기여할 수 있기를 희망한다. 마지막으로 책의 필요성에 대한 고민의 기간에 비하여 집필 기간은 단기적이다 보니 미처 고려치 못하거나 발견치 못한 오류가 있을 수 있으며, 그 모든 것은 저자의 불찰이다. 이 책에 대한 독자의 발전적인 피드백은 언제든지 환영한다.

2021년 2월 19일

太刻 유성모

차례

논문작성을 위한 첫걸음

1. 연구주제의 선정
2. 연구가설과 연구모형
3. 연구의 설계
4. 자료의 수집
5. 기초적인 통계 개념

실증적인 데이터를 기반으로 논문작성을 위한 고민을 하고 있는 연구자가 처음에 접하는 고민은 아마도 "무슨 연구를 어떻게 진행할 것인가?"와 같은 형태가 될 것이다. 이는 연구 주제의 선정, 그 연구 주제에 대한 연구가설의 종류와 형태, 연구가설에 적합한 척도의 선정, 연구가설을 입증 또는 검증하기 위한 연구의 형태, 연구에 적합한 자료의 수집, 수집된 자료의 분석방법 등을 포함하고 있다. 본 장에서는 이와 같은 고민을 쉽게 해결할 수 있는 방법을 다루고 있다.

1. 연구주제의 선정

연구자가 "무엇에 대한 연구를 할 것인가?"와 같은 질문을 통하여 연구자가 정해 놓은 주제를 연구주제라고 부른다. 연구주제는 일반적으로 연구자의 관심을 유발하면서, 연구자가 잘할 수 있는 분야에서 현실적으로 해결할 수 있는 연구문제 도출이 가능한지 여부를 토대로 결정하는 것이 현명하다. 예를 들어, 연구자 A는 중학교에서 영어를 담당하고 있는 선생님으로 평소 학생의 영어성적에 영향을 미치는 요인이 무엇인지에 관심을 가지고 있으며 현재 대학원에서 박사학위를 위한 논문을 준비하고 있다고 가정하자. 이 경우 "중학생의 영어능력에 영향을 미치는 요인"이 연구자 A의 연구주제가 될수 있다. 이는 연구자 A의 직업이 중학교 영어선생님이기 때문에 현장에서의 경험이 매우 소중한 경험지식으로 그 분야를 잘 알고 있으며 또한 대학원에서의 학습과 지도교수의 지도를 통하여 실증기반 연구를 진행할 수 있는 능력과 상황이 되기 때문이다.

일단 연구주제가 선정이 되면 연구주제와 관련된 연구물을 살펴보는 것이 그 다음 단계에서 진행되어야 한다. 이러한 연구물의 종류에는 각종 형태의 연구보고서, 신문기사, 서적, 영상물, 연구논문 등이 포함된다. 이 중에서 학술적인 연구논문을 위해서 가장 중요한 자료는 아마도 연구논문일 것이다. 연구주제와 관련된 연구논문을 찾아보는 방법은 매우 다양하여 일반적인 포털사이트에서 연구주제를 키워드로 검색하여 나오는 정보 중 전문적인 정보를 이용하는 방법, 학술논문 DB서비스를 제공하는 사이트를 이용하는 방법, 대학 인터넷도서관 시스템을 이용하는 방법 등이 있다. 예를 들어, 기초학문자료센터(www.krm.or.kr)에서 검색엔진에 "학업성취도"라는 검색어로 탐색을 할 경우에 5,000건 이상의 연구성과물이 검색되어 나오는 것을 확인할 수 있다. 이 책을 읽는 독자를 위하여 본 저자가 추천하는 방법은 대학교 인터넷도서관 검색엔진에서 연구주제와 관련된 핵심단어(예, 학업성취도)를 입력하여 검색된 연구논문 중 경쟁력이 있는 학술지에 최근에 게재된 논문 또는 경쟁력이 있는 대학의 박사학위 논문을 선택하는 것이다. 경쟁력이 있는 학술지의 종류는 국내학술지의 경우 한국연구재단(www.nrf.re.kr)에서 제공하는 "등재학술지목록"을 참조하면 된다.

2. 연구가설과 연구모형

2.1 문헌검토

연구주제를 결정하고 연구주제와 관련된 연구논문을 선택하고 나면 그 다음의 단계는 선택한 논문을 읽고 이해하는 단계가 될 것이다. 논문을 이해하는 단계는 과연 어떠한 단계를 말하는 것인가? 이에 대하여는 여러 가지 의견이 있을 수 있지만, 저자가 생각하기에는 그 논문에서 진행된 연구의 한계가 보이고 문제점을 발견할 수 있으며 그 문제점에 대하여 본인이 대안 또는 해결책을 제시할 수 있는 단계가 되었을 때 그 논문을 이해하는 단계가 되었다고 본다. 위와 같은 과정으로 연구자는 석사과정의 경우 적어도 10편 이상, 박사과정의 경우 적어도 30편 이상의 논문을 이해해야 제대로 된 연구를 진행할 준비가 되어있다고 볼 수 있다. 물론 이는 연구 분야와 연구주제의 종류에 따라 달라질 것이며 이해를 완전히 한 논문 외에 연구를 위하여 부분적으로 읽고 참고하는 논문의 수까지 포함한다면 수십 편을 넘어 수백 편이 되는 경우가 다반사이다.

2.2 연구가설의 작성과 연구모형

연구주제와 관련된 필요한 정도의 연구논문을 읽고 나면 그 다음 단계에는 연구가설을 작성하여야 한다. 연구가설이란, 연구주제와 관련된 다양한 연구문제에 연구자의 경험지식과 직관 등을 토대로 연구자가 잠정적으로 주장하는 내용을 말한다. 연구문제가 연구주제와 관련된 변수(또는 변인)들 간의 관계에 대하여 제기되는 문제라고 한다면, 연구가설은 연구자가 연구문제에 대하여 문헌연구와 경험지식 등을 토대로 연구문제에 대하여 잠정적으로 내리는 결론(또는 의견)이라고 볼 수 있다. 실증기반 과학적인 연구를 진행한다는 것은 이러한 가설을 연구자가 수집한 실증적인 데이터를 토대로 받아들일지 아니면 수정을 해야 할지를 결정하는 것과 같다고 볼 수 있다.

문헌연구를 토대로 연구가설을 작성할 수도 있지만 그 전에 문헌연구와 연구자의 경험지식 등을 토대로 연구주제에 대한 연구의 개념적 틀(framework)을 작성한 후에 연구가설을 작성할 수 있다. 연구의 개념적 틀을 연구모형(research model)이라고 부른다. 이와 같은 형태로 작성된 연구모형은 나중에 연구를 진행하여 데이터를 수집한 후 통계분석을 하고 나면 수정되는 경우가 흔히 있다. 따라서 현실적으로 연구모형은 두 종류로 나누어질 수 있다. 연구 초기 단계에서 문헌연구를 토대로 작성하는 연구모형과 수집된 데이터에 대한 통계분석 후 얻어지는 결과를 토대로 좀 더 정제되고 간결한 형태로 작성하는 연구모형을 들 수 있다. 연구논문을 작성하는 경우에 연구자의 입장에서는 후자의 방법으로 연구모형을 작성하는 것이 현실적이다. 따라서 연구모형의 개념적 틀은 초기 연구모형과 통계분석 후에 작성되는 정제된 연구모형으로 나눌 수 있다.

2.3 변수의 종류와 역할

연구주제에 대한 연구가설이 설정되면 연구가설의 내용에 따라서 추상적인 개념 또는 변수가 포함될 경우가 있다. 예를 들어, 앞에서 언급한 연구자 A의 연구주제가 "중학생의 영어능력에 영향을 미치는 요인"이라고 상정할 경우 이 연구주제에는 영어능력이라는 개념이 존재한다. 영어능력이 무엇인가에 대한 개념적 정의(conceptual definition)는 학자와 연구 대상에 따라서 다양할 수가 있다. 반면에 중학생을 대상으로 하는 연구에서 연구자는 '영어능력'을 '학교에서의 영어성적'으로 제한할 수 있다. 이러한 경우 연구자 A는 '영어능력'이라는 추상적 개념을 '학교에서의 영어성적'이라는 구체적으로 측정 가능한 값으로 정의 할 수 있으며 이러한 과정을 조작적 정의(operational definition)라고 부른다. 조작적 정의과정을 통하여 연구자는 '학교 기말고사에서의 영어성적'으로 '영어능력'을 측정하게 된다. 일반적으로 철학자와 이론적인 연구에 관심이 있는 학자들은 개념적 정의에 더 많은 관심을 두는 경향이 있으며, 실증과학자 또는 사회과학자는 조작적 정의에 더 많은 관심을 두고 있다. 개념적 정의과정에서 정의되는 개념(concept)을 요인(factor), 구성개념(construct), 또는 잠재변수(latent variable)라고 부르며, 조작적 정의과정에서 정의되는 구체화된 값을 명시변수(manifest variable) 또는 측정수준의 변수라고 부른다. 하지만 연구 분야에 따라서는 잠재변수와 명시변수를 혼용하여 이를 나타내기 위하여 변인이라고 부르기도 한다. 여기에서는 변수라는 용어로 설명하기로 한다.

변수가 추상적인 개념을 나타내고 있는지 아니면 조작적 정의과정을 통하여 구체적으로 측정 가능한 값을 나타내고 있는지에 따라서 잠재변수와 명시변수로 구분된다.

변수는 또한 연구가설에서 설정된 역할에 따라서 독립변수(independent variable), 종속변수(dependent variable), 매개변수(mediator, intervening variable), 조절변수(moderator, moderating variable)로 구분될 수 있다. 종속변수는 일반적으로 연구자가 궁극적으로 관심을 가지고 있는 연구의 핵심개념과 관련된 변수로 반응변수(response variable)라고도 부르며, 독립변수는 종속변수에 영향을 미친다고 생각되거나 종속변수를 설명하기 위하여 도입된 변수로 설명변수(explanatory variable)라고도 부른다. 일반적으로 자연과학에서는 독립변수를 원인(cause)으로 보고 종속변수를 결과(effect)로 보려는 경향이 강하며 이는 실증기반 사회과학이나 행동과학에서도 예외는 아니라고 본다. 하지만 독립변수와 종속변수의 관계를 원인과 결과의 관계로 보는 것은 일반적으로 무리가 있는 경우가 많다. 이러한 경우에는 연구자가 관심을 가지고 있는 반응변수가 연구대상에 따라서 다르게 변하는 것을 이해하기 위하여 설명변수를 도입하고 있다는 측면에서 독립변수와 종속변수의 관계를 설명변수와 반응변수의 관계로 보는 것이 보다 설득력이 있게 된다. 매개변수는 독립변수와 종속변수의 관계에 있어 매개변수가 그 중간자적인 교량역할을 하고 있는 경우이다. 즉 독립변수가 종속변수를 설명하는 과정에 있어서 매개변수를 거쳐서 종속변수를 설명하게 되는 경우에 매개변수는 독립변수와 종속변수의 관계에 있어서 매개역할을 한다. 독립변수와 종속변수의 관계에서 제3의 변수가 개입될 때 그 관계의 행태가 변화되는 경우가 있는데 이때의 제3의 변수를 조절변수라고 부른다. 일반적으로 독립변수, 종속변수, 매개변수는 양(quantitative)적인 데이터이다. 반면에 조절변수는 양적인 데이터인 경우도 있지만, 질(qualitative)적인 데이터인 경우도 있다. 예를 들어, 중학생의 나이 또는 학년을 나타내는 변수는 양적인 데이터이지만 응답자의 성별을 나타내는 변수의 경우는 질적인 변수이다.

2.4 연구모형의 구성요소

연구의 개념적 틀인 연구모형을 구성하는 요소는 1) 연구의 틀을 상징적으로 나타내주는 큰 사각형, 2) 변수(또는 변인)을 나타내는 원 또는 작은 사각형, 3) 변수간의 관계(반응변수/설명변수/매개변수/조절변수 관계 또는 상관관계)를 나타내는 화살표 등이다(〈표

1-1〉 참조).

<표 1-1〉 연구모형의 구성요소

종류	상징
큰 사각형	연구의 개념적 틀
작은 사각형	측정 가능한 명시변수
작은 원	추상적인 개념의 잠재변수
화살표 →	설명변수/반응변수 관계
화살표 ↔	상관관계

연구의 개념적 틀을 작성하기 위하여 연구자 A가 문헌연구를 통하여 중학생의 학업성취도와 관련된 연구를 종합한 결과 '지각된 교사기대'가 '학업성취도'에 직간접적으로 영향을 미치고 '자기주도 학습능력'이 두 변수간의 관계에 있어서 매개변수 역할을 하고 있으며, 그 변수 간의 관계는 '부모의 사회경제적 지위'에 따라서 다르게 나타난다는 것을 파악하였다고 가정하자. 이 경우 연구자 A의 연구모형을 도식화하면 [그림 1-1]과 같게 된다.

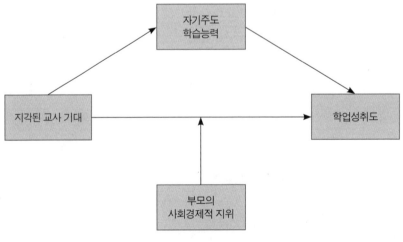

[그림 1-1] 연구모형의 예

3. 연구의 설계

초기 연구모형이 완성되었다면 이미 연구의 많은 부분이 진척되었다고 볼 수 있다. 연구대상을 여러 개의 부분집단으로 나눌 수 있는 경우 그 집단 간의 차이, 종속변수를 설명하는데 가장 유용한 독립변수, 독립변수와 종속변수의 관계에 있어서 매개변수와 조절변수의 역할 등과 같이 연구모형에 포함된 변수들 간의 역학적인 관계에 관심이 있을 경우에는 조사연구(survey study)를 진행한다. 일반적인 조사연구의 형태는 횡단 연구(cross-sectional study)로 어느 한 시점에서 연구대상을 조사하여 진행하는 연구이다. 연구대상이 되는 집단을 모집단(population)이라고 부르며 조사연구에서 조사대상이 되는 모집단을 구성하는 단위를 관측단위(observational unit)라고 부른다. 설문조사는 조사연구의 한 형태이다.

실험연구(experimental study)는 연구대상으로부터 자연적으로 형성되는 부분집단과는 달리 연구자가 무작위(at random) 원칙으로 연구대상에 부과한 집단을 조절변수의 범주에 놓고 그 집단 간의 차이를 비교하는 연구이다. 예를 들어, 유아의 사고력 증진을 위한 프로그램 A와 B가 있다고 가정하자. 프로그램이 효과가 있는지 비교하기 위하여 연구대상을 프로그램 A를 부과할 실험집단, 프로그램 B를 부과할 비교집단, 어떠한 프로그램도 부과하지 않을 통제집단으로 나누어 실험을 진행할 수가 있다. 조사연구와 마찬가지로 연구대상이 되는 집단을 모집단이라고 부르며 실험연구에서 실험대상이 되는 모집단을 구성하는 단위를 실험단위(experimental unit)라고 부른다. 실험연구에서 유의해야 할 것은 연구자가 연구대상을 부분집단에 배정하는 과정에서 특정 집단에 유리하지 않고 공평하게 실험단위를 부분집단에 배정하는 것이다.

4. 자료의 수집

현실적으로 연구자는 연구대상이 되는 모집단(population)의 일부를 대상으로 연구를 진행할 수밖에 없다. 연구자가 실질적으로 조사 또는 실험을 진행하는 관측단위 또는 실험단위로 이루어진 집단을 표본(sample) 또는 표본집단이라고 부르며, 표본을 고르는 과정을 표본추출(sampling) 또는 표집(標集)이라고 부른다. 표본은 모집단의 일부로서 표본을 추출할 때 기본적인 주안점은 모집단을 대표하는 표본을 추출하는 것이다. 한마디로 표본추출은 '골고루 잘' 하여야 한다. 이와 같은 철학에서 표본을 추출하는 것을 확률적 표본추출이라고 부른다.

조사연구의 자기기입식 설문조사에서 일반적으로 많이 사용되는 척도는 리커트 척도(Likert scale)이다. 일반적으로 Likert 척도는 5점, 6점, 7점 척도를 사용하는데 낮은 점수에서 높은 점수로 갈수록 그 방향성도 의미가 있는 척도이다. 예를 들어, "당신은 얼마나 행복하다고 생각하십니까?"라는 질문에 대한 답을 Likert 5점 척도로 만들 경우 '매우 불행하다', '불행하다', '보통이다', '행복하다', '매우 행복하다'와 같이 할 수 있다.

연구주제 선정, 문헌연구를 통한 연구모형 작성, 초기의 연구가설 설정, 연구가설 형태에 적합한 연구설계를 거친 후 연구자는 데이터를 얻게 된다. 그 다음 단계는 연구자가 설정한 연구가설에 적합한 통계분석을 진행하는 것이다.

5. 기초적인 통계 개념

5.1 통계모형: 다름에 대한 이해

연구자가 연구대상으로 삼고 있는 모집단(population)을 구성하고 있는 연구단위(research unit)와 분석하고자 하는 변수(variable)는 연구 목적에 따라서 다르다. 예를 들어, 대한민국 성인의 행복에 대한 연구를 진행할 경우 모집단은 대한민국 성인이며, 연구단위는 개인이고, 분석하고자 하는 변수는 행복이다. 일반적으로 연구자가 분석하고자 하는 변수는 종속변수(dependent variable)인 경우가 많으며, 연구가설(research hypothesis)과 연구모형(research model)을 작성한다는 것은 이 종속변수의 값이 모집단을 구성하고 있는 연구단위에 따라서 다르게 관찰되고 있는 이유를 설명하고자 하는 것으로 볼 수 있다.

종속변수에 영향을 미치거나 종속변수를 예측 또는 설명하기 위하여 도입된 변수를 독립변수(independent variable)라고 부르며, 독립변수와 종속변수의 관계에서 독립변수가 종속변수에 직접적인 영향을 미치기도 하지만 중간의 제3의 변수를 통하여 종속변수에 간접적으로도 영향을 미칠 수가 있다. 예를 들어, 자녀의 성적이 아버지의 행복에 직접적인 영향을 미칠 수도 있지만, 자녀의 성적이 어머니의 행복에 영향을 미치고, 어머니의 행복이 아버지의 행복에 영향을 미칠 경우, 어머니의 행복은 자녀의 성적과 아버지의 행복의 관계에서 중계자 역할을 하는 제3의 변수로 매개변수(mediating variable, mediator)라고 부른다.

독립변수와 종속변수의 관계가 제3의 변수의 값 또는 수준에 따라서 다르게 나타나는 경우도 있다. 예를 들어, 자녀의 성적이 아버지의 행복에 긍정적인 영향을 미치지만, 아들의 경우보다 딸의 경우 더 큰 영향을 미치는 것으로 나타날 경우, 자녀의 성적과 아버지의 행복의 함수관계는 자녀의 성별에 따라서 달라진다. 이와 같이 그 변수의 값 또는 수준이 독립변수와 종속변수의 관계에 영향을 미치는 제3의 변수를 조절변수(moderating variable, moderator)라고 부른다.

통계모형(statistical model)은 종속변수 Y의 값이 각 연구단위(예, 개인)에 따라서 다르게 관찰되는 이유를 설명하고 예측하기 위하여, 종속변수 Y를 독립변수(X), 매개변수(M_E), 조절변수(M_O)의 함수형태로 표현한 수식으로 다음과 같이 표기한다.

$$Y = Model(X, M_E, M_O) + \varepsilon$$

여기서, Model($\cdot$)은 종속변수를 설명하기 위한 수학적인 함수식으로 일반적으로 선형함수이며, ε은 오차(error)를 나타내는 오차항이다. 연구대상이 되는 전체를 모집단(population)이라고 하며, 연구자가 분석을 하기 위한 데이터는 모집단의 일부로서, 모집단으로부터 골고루 추출된 표본집단(sample)으로부터 수집된 정보이다. 표본집단을 구성하고 있는 각 개체(연구단위)의 종속변수의 값은 모두 다 같은 경우는 없고, 일반적으로 각기 다르게 나타난다. 표본집단을 구성하는 각 개체의 종속변수 Y의 값이 다른 정도를 나타내는 척도는 전체 제곱합(TSS; total sum of squares)으로 다음과 같이 구한다.

$$TSS = \sum_{i=1}^{n}(Y_i - \overline{Y})^2$$

여기서, n은 표본집단을 구성하고 있는 연구단위의 수로 표본의 크기(sample size)라고 부르며, 연구자가 분석을 위하여 구한 개체의 수와 동일한 값이고, $\overline{Y}$는 표본평균(sample mean)으로 표본집단에서 구한 평균값으로 그 계산식은 $\overline{Y} = \dfrac{1}{n}\sum_{i=1}^{n}Y_i$이다.

표본집단을 구성하고 있는 각 개체의 종속변수의 값이 다른 이유를 설명하고 예측하기 위한 것이 통계모형이며, 그 다른 정도를 나타내는 척도가 전체 제곱합 TSS이다. 통계모형에서 각 개체의 종속변수 Y_i의 값이 독립변수, 매개변수, 조절변수 등으로 표현되는 함수식 Model(X_i, M_{E_i}, M_{O_i})과 오차항 ε_i으로 표현되듯이, 각 개체의 종속변수 Y_i의 값이 다른 정도를 나타내는 전체 제곱합은 통계모형에 의해서 설명되는 부분인 모형 제곱합 SSM(sum of squares due to model)과 오차 제곱합 SSE(sum of squares due to error)로 분해된다. 따라서 다음과 같은 등식이 성립된다.

$$TSS = SSM + SSE$$

위 등식을 전체 제곱합 TSS로 나누면

$$1 = \frac{SSM}{TSS} + \frac{SSE}{TSS}$$

이 되고,

$$\frac{SSM}{TSS}$$

은 전체 제곱합에서 모형 제곱합이 차지하는 비율로, 모형의 설명력을 나타내며 결정계수(coefficient of determination)라고 부르고, R^2으로 표기한다.

일반적으로, 연구자가 선택한 연구가설에 대한 통계모형의 설명력이 40% 이상일 경우 매우 훌륭한 연구로 간주되기도 하며, 연구논문을 위한 통계모형의 설명력이 적어도 20% 이상일 경우에 무난한 것으로 평가된다. 하지만 통계모형의 설명력이 20% 미만일 경우에는 모형의 설명력이 매우 빈약한 것으로 간주되고, 모형의 해석에 주의를 기울일 필요가 있으며, 연구모형과 연구설계에 문제가 없는지 여부부터 고민을 하여야 한다. 아울러, 종속변수에 대한 통계모형의 설명력이 60% 이상일 경우에는 종속변수를 설명하기 위해서 사용된 설명변수(독립변수)가 종속변수와 매우 비슷하여 구별이 되지 않는 변수인지도 살펴보아야 한다.

결론적으로 통계모형이란 종속변수가 연구집단을 구성하고 있는 연구단위(개체)에 따라서 다르게 나타나는 이유를 설명하기 위하여 연구자가 선정한 설명변수(독립변수, 매개변수, 조절변수 등)와 반응변수(종속변수)와의 함수적 관계를 나타내는 모형으로, 학술논문으로서 적절한 통계모형의 설명력은 최소 20%이다.

5.2 연구가설과 귀무가설

연구자가 관심을 가지고 있는 연구주제에 대하여 좀 더 구체적이고 명시적인 형태로 표현된 것을 연구문제라고 부르며 일반적으로 의문문 형태로 작성할 수 있다. 연구문제를 좀 더 구체적인 변수간의 관계 형태로 표현한 것을 연구가설이라고 부르며 일반적으로 평서문 또는 서술문 형태로 작성할 수 있다. 연구가설은 연구자가 원하는 결과에 대한 잠적적인 주장 또는 결론으로 변수간의 관계에 대한 잠정적인 결론인 것이다. 이러한 결론은 독립변수와 종속변수의 관계가 있다는 것일 수도 있고, 관계가 없다는 것 일수 있는 것으로 연구자가 원하는 주장이다. 반면에 귀무가설(null hypothesis)은 연구가설의 형태에 관계없이 반드시 변수간의 관계가 없다는 형태로 서술되어야 한다. 이는 통계적 의사결정의 규칙이 귀무가설(변수간의 관계가 없다는 가설)이 참(true)이라는 가정에서 연구자가 얻은 표본으로부터 구한 검정통계량(test statistic)의 값을 일반적으로 얻게 될 가능성을 나타내는 유의확률(significance probability)의 크기에 바탕을 두고 있기 때문이다.

연구자의 연구가설의 형태에 따라서 통계모형이 결정되며, 이 통계모형에 따라서 귀무가설의 형태가 결정된다. 따라서 연구자는 자신의 연구가설에 맞는 통계모형이 무엇인지를 알고, 그에 대응되는 귀무가설과 유의확률의 값이 무엇을 의미하는지를 파악하는 것만으로도 실증분석의 많은 부분을 해결할 수가 있다.

5.3 제1종 오류와 제2종 오류

통계학의 의사결정 규칙은 이분법적인 사고에 바탕을 두고 있다. 우리 인간은 자연(우주 또는 진실)의 상태를 모르고 있지만 특정한 상태 A와 그 상태의 보집합(complement set)인 특정하지 않은 상태 A^C로 구성되어 있다고 상정할 경우, 자연의 상태 Ω는 서로 배타적인(exclusive) A와 A^C로 구성되어있다고 볼 수 있으며, 이를 $\Omega = A \cup A^C$로 표기한다. 인간인 우리가 내리는 의사결정 또한 자연의 상태를 특정한 상태인 A로 판단할 수도 있고, 특정하지 않은 상태인 A^C로 판단할 수도 있다. 이러한 자연의 상태와 그에 대응하는 인간의 의사결정 상태에 대한 관계는 〈표 1-2〉와 같다.

〈표 1-2〉 자연의 상태와 의사결정의 관계

자연의 상태와 의사결정의 관계		의사결정	
		A	A^C
자연의 상태	A	정확한 의사결정	부정확한 의사결정 (제 1종 오류)
	A^C	부정확한 의사결정 (제 2종 오류)	정확한 의사결정

제1종 오류는 자연의 상태가 특정한 상태인 A임에도 불구하고, 특정하지 않은 상태인 A^C로 판단하여 부정확한 의사결정을 범하는 오류이며, 제2종 오류는 자연의 상태가 특정하지 않은 상태인 A^C임에도 불구하고 특정한 상태인 A로 판단하여 부정확한 의사결정을 범하는 오류이다.

자연의 상태는 우리가 모를 뿐이지 특정한 상태인 A이거나 특정하지 않은 상태인 A^C로 이미 결정되어 있다. 즉 우리가 의사결정을 하는 순간에는 이미 자연의 상태는 A이거나 A^C로 결정되어 있다. 자연의 상태가 특정한 상태인 A인 상황에서 우리가 의사결정을 특정하지 않은 상태인 A^C로 할 경우 우리는 제1종 오류를 범하는 것이며, 제1종 오류를 범할 확률을 알파(α)로 표기한다. 마찬가지로, 자연의 상태가 특정하지 않은 상태인 A^C인 상황에서 우리가 의사결정을 특정한 상태인 A로 할 경우 우리는 제2종 오류를 범하는 것이며, 제2종 오류를 범하는 확률을 베타(β)로 표기한다.

5.4 유의수준, 신뢰수준, 유의확률

유의수준(significance level)은 제1종 오류를 범할 확률을 나타내는 값으로 연구자가 감내할 만한 최대 수준으로 인식되는 값이다. 사회과학에서는 일반적으로 유의수준 α의 크기를 .05로 설정하지만 .1로 설정하는 경우도 있으며, 자연과학에서는 유의수준을 보다 엄격한 .01로 설정하기도 한다. 신뢰수준(confidence level)은 1에서 유의수준을 뺀 값으로 '$1-\alpha$' 또는 '$100 \cdot (1-\alpha)\%$'로 표기한다. 유의확률(significance probability)은 귀무가설이 참이라는 전제에서 연구자가 표본으로 구한 검정통계량의 값이 이론적으로 발생할 가능성을 나타내는 값으로 p로 표기하며, 0에 가까울수록 발생가능성이 적고, 1에 가까울수록 발생가능성이 큰 것이다.

5.5 통계적 의사결정

통계적 의사결정은 귀무가설의 채택 또는 기각 여부를 결정하는 것인데, 연구자가 연구가설을 입증하기 위하여 수집한 표본으로부터 구한 데이터를 토대로 구한 검정통계량(귀무가설이 참이라는 전제에서 구한 통계량)의 값에 대응하는 유의확률 p의 크기를 유의수준 α와 비교하여, 유의확률이 유의수준보다 작을 경우 귀무가설을 기각하고, 클 경우에는 귀무가설을 채택한다.

논문작성을 위한 SPSS 실전 통계분석 쉽게 배우기

연구 데이터와 데이터 설명

1. 예제 및 실습 데이터
2. 연구자의 관심 내용
3. SPSS 실행
4. SPSS 화면의 종류

1. 예제 및 실습 데이터

1.1 예제 데이터 I - 설문조사 데이터

예제 데이터 I(Data1.sav)은 대한민국 성인 1,946명을 대상으로 설문조사한 자료로 건강, 행복, 평화와 관련된 자기보고식 문항 20개, 응답자의 성별 및 교육정도 문항 2개, 20개의 자기보고식 문항을 토대로 계산된 척도 4개 변수의 값으로 이루어져 있다.

20개의 자기보고식 문항은 Likert 5점 척도(1 = 결코 아니다, 2 = 그렇지 않다, 3 = 가끔 그렇다, 4 = 자주 그렇다, 5 = 매우 자주 그렇다)로 구성되어 있으며, 이들 20개 문항으로부터 계산된 4개의 변수(BF, BM, Happiness, Peace)에 대한 변수명, 변수정의 및 변수설명은 〈표 2-1〉과 같다.

〈표 2-1〉 건강, 행복, 평화와 관련된 12개 변수에 대한 변수명, 변수정의 및 변수설명

변수명	변수정의	변수설명
Q1~Q5	BF 관련 문항	'건강한 몸의 느낌' 관련 5개 문항
Q6~Q10	BM 관련 문항	'건강한 자기관리' 관련 5개 문항
Q11~Q15	Happiness 관련 문항	'행복' 관련 5개 문항
Q16~Q20	Peace 관련 문항	'평화' 관련 5개 문항
BF	건강한 몸의 느낌	높을수록 몸의 느낌이 건강하다
BM	건강한 자기관리	높을수록 건강을 위한 자기관리를 잘한다
Happiness	행복	높을수록 행복한 성향이 높다
Peace	평화	높을수록 평화적인 성향이 높다

사회경제적 지위 및 응답자 특성을 나타내는 2개 문항에 대한 변수명, 변수정의 및

변수설명은 〈표 2-2〉와 같다.

〈표 2-2〉 응답자의 사회경제적 지위 및 특성 변수

변수명	변수정의	변수설명
Gender	성별	0 = 여자, 1 = 남자
EDU	교육정도	1 = 중졸 이하, 2 = 고졸 또는 중퇴. 3 = 대졸 또는 중퇴, 4 = 대학원 졸업 또는 중퇴

1.2 예제 데이터 II – 실험연구 데이터

예제 데이터 II(Data2.sav)는 유아를 대상으로 두 가지의 유아교육 프로그램이 유아의 정서조절능력 및 사고력 증진에 도움이 되는지를 살펴보기 위하여 실험연구를 한 데이터이다. 정서조절능력은 사전, 사후(사후1), 추후(사후2) 세 번에 걸쳐 측정되었으며, 사고력은 사전 및 사후 두 번에 걸쳐 측정되었다. "Data2.sav"에 대한 변수명, 변수정의 및 변수설명은 〈표 2-3〉과 같다.

〈표 2-3〉 예제 데이터 II(Data2)에 대한 변수명, 변수정의 및 변수설명

변수명	변수정의	변수설명
Group	집단번호	1 = 실험1집단(정서조절능력 향상 프로그램 집단), 2 = 실험2집단(사고력 향상 프로그램 집단), 3 = 통제집단
ID	유아번호	학생 번호
AGE	연령	사전검사 시의 유아의 연령(개월)
AgeGroup	연령 집단	연령이 66개월 이하 집단(Low)과 초과 집단(High)
MQ.0	사전 정서조절능력	높을수록 정서조절능력이 높다
MQ.1	사후 정서조절능력	높을수록 정서조절능력이 높다
MQ.2	추후 정서조절능력	높을수록 정서조절능력이 높다

변수명	변수정의	변수설명
BQ.0	사전 사고력	높을수록 사고력이 높다
BQ.1	사후 사고력	높을수록 사고력이 높다
G1	실험1집단 더미변수	1 = 실험1집단, 0 = 기타 집단(실험2집단, 통제집단)
G2	실험2집단 더미변수	1 = 실험2집단, 0 = 기타 집단(실험1집단, 통제집단)
G3	통제집단 더미변수	1 = 통제집단, 0 = 기타 집단(실험1집단, 실험2집단)

1.3 예제 데이터 III – 실습 데이터

예제 데이터 III(Data3.sav)은 실습용 데이터로 특정 업종에 종사하고 있는 여성 직장인 422명을 대상으로 설문조사한 자료로 결혼상태, 직장경력, 셀프리더십(18 문항), 정서지능(20 문항), 조직몰입(9 문항), 직무만족(14 문항), 업무성과(17 문항)를 조사한 것이다. 모든 척도는 Likert 5점 척도(1 = 전혀 그렇지 않다, 2 = 그렇지 않다, 3 = 보통, 4 = 그렇다, 5 = 매우 그렇다)로 구성되어 있으며, 각 변수는 해당되는 문항들의 평균으로 계산되었다. "Data3.sav"에 대한 변수명, 변수정의 및 변수설명은 〈표 2-4〉와 같다.

〈표 2-4〉 실습 데이터(Data3)에 대한 변수명, 변수정의 및 변수설명

변수명	변수정의	변수설명
Marriage	결혼상태	1 = 미혼, 2 = 결혼
CYear	직무경력	1 = 1년 미만, 2 = 5년 미만, 3 = 10년 미만, 4 = 10년 이상
SelfL	셀프리더십	높을수록 셀프리더십이 높다
EmoQ	정서지능	높을수록 정서지능이 높다
OrgE	조직몰입	높을수록 정서지능이 높다
JobS	직무만족	높을수록 직무만족이 높다
JobPerf	업무성과	높을수록 업무성과가 높다

2. 연구자의 관심 내용

2.1 설문조사 데이터에서의 연구자의 관심 내용

설문조사에서 일반적으로 연구자가 관심을 가지고 있는 내용의 형태를 살펴보기로 하자. 가장 기본적으로 연구자는 연구대상이 되는 집단의 전체 평균 또는 집단 간의 평균에 대하여 관심이 있을 수 있다. 예를 들어, "대한민국 성인의 평균 행복지수는 몇 점일까?"와 "성인남녀 두 집단의 평균 행복지수는 같은가? 같지가 않다면 어느 집단의 평균 행복지수가 높은가?"와 같은 형태의 질문이다. 다음으로는 설명변수(독립변수)와 종속변수(반응변수)와의 관계에 대하여 관심이 있을 수 있다. 예를 들어, "건강한 몸의 느낌 점수가 높고 건강한 자기관리를 잘할수록 행복한가?"와 같은 질문 또는 "건강한 자기관리에 따라서 행복이 변화되는 선형관계가 남녀 집단에 따라서 같은가?"와 같은 질문이다.

설문조사 데이터(Data1.sav)에서 연구자가 관심을 가질 수 있는 내용을 정리하면 〈표 2-5〉와 같다.

〈표 2-5〉 설문조사 데이터에서의 연구자의 관심 내용

번호	관심 내용	예
1	연구 집단의 전체 평균	• 대한민국 성인의 평균 행복지수는 얼마인가?
2	두 집단의 비교 (평균, 분산)	• 성인남녀 두 집단의 평균 행복지수는 같은가? • 같지가 않다면 어느 집단의 평균 행복지수가 높은가?
3	여러 집단의 비교 (평균, 분산)	• 대한민국 성인의 평균 행복지수는 교육정도에 따른 집단 간에 차이가 있는가? 차이가 있다면 어느 집단이 높은가?

번호	관심 내용	예
4	두 변수간의 상관관계 (영차, 편상관)	• 건강한 자기관리와 행복은 어떠한 상관관계가 있는가? • 건강한 몸의 느낌의 영향을 제거한 후 건강한 자기관리와 행복의 상관관계는 어떠한가?
5	설명변수와 반응변수의 선형관계 (단순, 다중, 변수선택)	• 건강한 자기관리를 잘 할수록 행복이 어떻게 달라지는가? • 건강한 자기관리와 건강한 몸의 느낌이 변화함에 따라 행복은 어떻게 변화하는가?
6	집단에 따른 설명변수와 반응변수의 선형관계	• 건강한 자기관리와 행복의 관계가 성별에 따라서 달라지는가? • 건강한 자기관리 및 행복과 평화의 관계가 성별에 따라서 달라지는가?

1) 연구 집단의 전체 평균

연구자는 연구 집단 전체 또는 특정 집단의 특정변수의 평균에 관심을 가지고 있을 수 있다. 예를 들어, "대한민국 성인의 평균 행복 점수는 몇 점일까?", "대한민국 30대 남성의 건강한 자기관리 점수는 얼마인가?"와 같은 형태의 질문은 모두 이 범주에 들어간다.

2) 두 집단의 비교

연구자는 연구 대상을 구성하는 두 집단의 특정변수의 평균 또는 분산이 동일한지 여부에 관심이 있을 수 있다. 이러한 형태의 관심 사항은 두 집단의 평균을 비교할 경우 또는 두 집단의 동질성 여부에 관심이 있을 경우에 흔히 제기된다. 예를 들어, "대한민국 성인남녀 두 집단의 평균 행복 점수는 같은가? 같지가 않다면 어느 집단이 평균적으로 더 행복한가?", "대한민국 성인남녀 두 집단의 행복의 표준편차는 동일한가?"와 같은 형태의 질문은 모두 이 범주에 들어간다.

3) 여러 집단의 비교

연구자는 연구 대상을 구성하는 여러 집단(세 집단 이상)의 특정변수의 평균 또는 분산이 동일한지 여부에 관심이 있을 수 있다. 이러한 형태의 관심 사항은 여러 집단의 평균을 비교할 경우에 흔히 제기된다. 예를 들어, "대한민국 성인의 교육정도에 따른 집단별 평균 행복 점수는 같은가? 같지가 않다면 어느 집단이 평균적으로 더 행복한가?"와 같은 형태의 질문이 이러한 범주에 들어간다.

4) 두 변수간의 상관관계

연구자는 연구주제와 관련된 두 변수간의 선형관계에 관심이 있을 수 있다. 이러한 형태의 관심 사항은 두 변수의 관계가 양(또는 정(正))의 관계인지 음(또는 부(負))의 관계인지를 파악할 경우에 흔히 제기된다. 예를 들어, "건강한 자기관리와 행복은 양의 관계가 있는가? 아니면 음의 관계가 있는가?"와 같은 형태의 질문이 이러한 범주에 들어간다. 또한 두 변수와 관계가 있는 제 삼의 변수가 두 변수에 미치는 영향을 제거한 후 두 변수간의 관계에 관심이 있는 경우도 있다. 예를 들어, "건강한 몸의 느낌이 건강한 자기관리와 행복에 미치는 영향을 제거한 후 건강한 자기관리와 행복은 양의 관계인가? 아니면 음의 관계인가?"와 같은 형태의 질문이 이 범주에 들어간다.

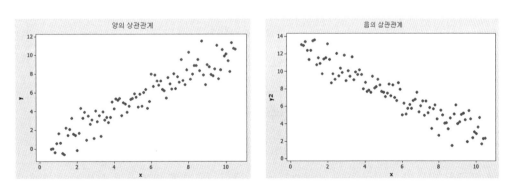

[그림 2-1]　양의 상관관계와 음의 상관관계

5) 설명변수와 반응변수의 선형관계

앞의 두 변수간의 상관관계와는 달리 선행변수와 후행변수, 독립변수와 종속변수, 설명변수와 반응변수와 같이 두 변수의 역할이 정해져 있는 경우 두 변수간의 구체적인 선형함수 관계에 관심이 있을 수 있다. 예를 들어, "건강한 자기관리 점수가 1점(또는 1표준편차) 증가할 경우 행복은 몇 점(또는 표준편차) 증가(또는 감소)하는가?"와 같은 형태의 질문이 이 범주에 들어간다. 하나의 반응변수에 대한 설명변수가 여러 개인 경우와 이들 설명변수 중 반응변수를 가장 잘 설명하는 변수의 선택에 관심이 있는 경우도 이러한 범주에 들어간다.

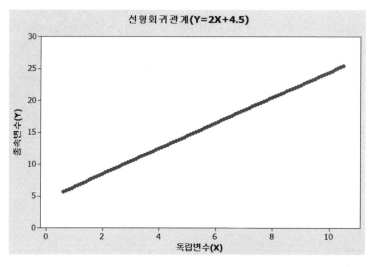

[그림 2-2]   선형회귀관계

6) 집단에 따른 설명변수와 반응변수의 관계

연구자는 설명변수와 반응변수의 선형관계가 집단의 수준에 따라서 변하는지 아니면 변함이 없는지 관심이 있을 수 있다. 예를 들어, "건강한 자기관리와 행복의 관계가 남녀별로 동일한 형태를 나타내고 있는가? 아니면 성별에 따라서 그 형태를 달리하고 있는가?"와 같은 형태의 질문이 이러한 범주에 들어간다.

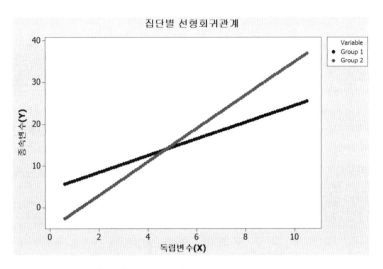

[그림 2-3] 집단별 선형회귀관계

2.2 실험연구 데이터에서의 연구자의 관심 내용

실험연구에서 일반적으로 연구자가 관심을 가지고 있는 내용의 형태를 살펴보기로 하자. 가장 기본적이고 일반적인 형태는 연구자가 특정 프로그램(처리, 개입)의 효과를 검증하기 위하여 그 프로그램을 적용한 실험집단, 다른 종류 또는 기존의 경쟁 프로그램을 적용한 비교집단, 아무런 프로그램도 적용하지 않은 통제집단을 대상으로 프로그램 적용 전(사전), 적용 후(사후), 일정한 기간이 지난 후(추후)에 측정한 변수의 값을 비교하여 특정 프로그램의 효과 여부를 검증하는 것이다. 예를 들어, "두 가지 유아 대상 프로그램이 정서조절능력 향상 및 사고력 증진에 효과가 있는가? 효과가 있다면 정서조절능력 향상에 효과가 있는 프로그램은 무엇이며, 사고력 증진에 효과가 있는 프로그램은 무엇인가?"와 같은 질문이다.

실험연구 데이터(Data2.sav)에서 연구자가 관심을 가질 수 있는 내용을 정리하면 〈표 2-6〉과 같다.

〈표 2-6〉 실험연구 데이터에서의 연구자의 관심 내용

유형	집단의 수	반복 측정의 수	관심 내용의 예
1	2 (실험, 통제) 이상	2 (사전, 사후)	• 정서조절능력 향상을 위한 프로그램이 효과적인지를 살펴보고자 한다. 실험1집단, 실험2집단, 통제집단은 동질적인가? • 정서조절능력 향상을 위한 프로그램은 효과가 있는가?
2	2 (실험, 통제) 이상	3 (사전, 사후, 추후) 이상	• 정서조절능력 향상 프로그램이 효과적인지를 살펴보고자 한다. 실험1집단, 실험2집단, 통제집단은 동질적인가? • 정서조절능력 향상을 위한 프로그램은 효과가 있는가? • 정서조절능력은 시간이 지남에 따라서 선형적으로 증가하는가? 아니면 곡선의 형태로 증가하는가?

1) 집단의 수 2 이상, 반복측정의 횟수가 2회인 경우

연구자는 실험집단과 통제집단의 비교를 통하여 특정 변수의 특정 값이 통제집단보다는 실험 집단에서 더 증가(또는 감소)하였다는 것을 주장하고 싶은 경우가 있다. 예를 들어, "사고력 향상을 위한 프로그램을 부과한 실험집단의 사고력이 아무런 프로그램도 부과하지 않은 집단의 사고력보다 높게 나타났다"와 같은 형태의 주장을 하고 싶은 경우이다. 하지만 이러한 주장을 하기 이전에 실험집단과 통제집단의 사고력에 대한 사전 검사를 통하여 여러 집단의 동질성을 입증하여야 한다. 이는 자연스럽게 "실험집단과 통제집단은 사고력 측면에서 서로 동질적인가?"와 같은 형태의 질문으로 귀결된다. 사전 검사에 대한 동질성 검정은 공정한 게임을 위한 기본적인 작업이다.

2) 집단의 수 2 이상, 반복측정의 횟수가 3회 이상인 경우

연구자는 실험집단, 비교집단, 통제집단의 비교를 통하여 특정 변수의 특정 값이 통제집단과 비교집단보다는 실험 집단에서 더 증가(또는 감소)하였다는 것을 주장하고 싶

은 경우가 있다. 예를 들어, "사고력 향상을 위한 프로그램을 부과한 실험집단의 사고력이 아무런 프로그램도 부과하지 않은 집단과 기존의 사고력 증진 프로그램을 부과한 비교집단의 사고력보다 더 높게 나타났다"와 같은 형태의 주장과 "실험집단에서의 사고력의 증가형태는 선형적인가? 아니면 비선형적인가?"와 같은 형태의 의문을 해결하기 위한 경우이다. 하지만 이러한 주장을 하기 이전에 실험집단, 비교집단, 통제집단의 사고력에 대한 사전 검사를 통하여 프로그램의 효과비교를 위한 공정한 실험을 진행하고 있다는 것을 보여주어야 한다. 이는 세 집단의 동질성을 입증하여야 한다는 것을 의미하며 자연스럽게 "실험집단, 비교집단, 통제집단은 사고력 측면에서 서로 동질적인가?"와 같은 형태의 질문으로 귀결된다.

2.3 척도에 대한 연구자의 관심 내용

조사연구를 진행하던 실험연구를 진행하던 관계없이 연구에서 사용되는 척도가 과연 합리적인 척도인지 연구자는 관심을 가질 수 있다. 척도에 대한 일반적인 관심사항은 척도의 신뢰성과 타당성에 대한 고민일 것이다. 예를 들어, "행복을 측정하기 위하여 연구에서 사용된 척도는 신뢰도가 있는가?"와 같은 형태 또는 "연구에서 사용되고 있는 행복척도가 과연 진정으로 행복을 반영하고 있는가? 또한 이 척도는 행복과 밀접한 관계가 있지만 개념적으로는 다른 개념을 반영하는 다른 척도와 구별이 되는 타당한 척도인가?"와 같은 형태의 질문이다.

조사연구 데이터(Data1.sav)에서 척도에 대하여 연구자가 관심을 가질 수 있는 내용을 정리하면 〈표 2-7〉과 같다.

<표 2-7> 조사연구 척도에 대한 연구자의 관심 내용

번호	관심 내용	예
1	척도(변수)의 정의 및 타당도	• 문항들은 몇 개의 요인으로 구성되어 있는가? 그 결과는 타당도가 입증되고 있는가?
2	척도의 신뢰도	• 척도를 정의하는 문항들은 일관되게 동일하거나 비슷한 개념을 측정하고 있는가?
3	척도의 정규성	• 척도를 하나의 측정가능한 명시변수로 간주할 경우 그 척도는 정규분포를 따르는가?

1) 척도(변수)의 정의 및 타당도

연구자는 조사연구에 사용된 문항들이 몇 개의 요인을 반영하고 있는지에 관심을 가질 수 있다. 관련된 분야에서의 척도가 부족하여 새로운 척도를 구성하려는 목적으로 탐색적 연구를 할 경우는 물론 기존의 척도를 사용하는 경우에도 내 연구에서 기존의 척도가 그대로 적용될 수 있는지 확인하고자 하는 경우도 이러한 형태의 연구에 들어간다.

척도를 구성하고 있는 문항이 원래 연구자가 생각하고 있는 개념(또는 요인)을 반영하고 있다면 타당도가 높은 척도이다. 척도의 신뢰도(reliability)가 척도를 구성하는 문항들의 일관성(consistency) 또는 정밀성(precision)을 나타내고 있다면 척도의 타당도(validity)는 척도가 연구자가 생각하는 개념을 얼마나 정확하게 반영하고 있는 지를 나타내는 정확성(accuracy)이라고 볼 수 있다.

2) 척도의 신뢰도

척도를 구성하는 문항이 동일한 개념(또는 요인)으로부터 반영되어 나온 것이라면 그 문항들은 서로 일관되게 비슷한 응답 형태를 나타내어야 한다. 이는 척도를 구성하는 문항들의 일관성(consistency)을 나타내면서 그 문항으로 구성되는 척도의 정밀성(precision)을 나타내고 있다. 정밀도가 높은 척도를 신뢰도(reliability)가 높은 척도라고 부른다.

3) 척도의 정규성

척도를 이용한 통계분석에서 많은 경우 척도에 대한 정규분포를 가정하는 경우가 많으며 이럴 경우 척도 자체 또는 모형에서의 잔차(residual)에 대한 정규성 여부를 검정하는 것이 필요한 경우가 있다. 개념(또는 요인) 형태가 연구모형에 들어가는 경우는 물론 척도 자체를 명시변수(manifest variable)로 정의하여 연구모형에서 직접적으로 사용하는 경우가 많다. 예를 들어, '행복'에 대한 전체 평균에 대한 신뢰구간을 구하거나 남녀 두 집단의 평균행복을 비교할 경우 표본집단의 크기가 작을 경우(일반적으로 30명 미만)에 해당되는 독립표본 t-검정을 사용하기 위해서는 '행복' 척도가 정규분포(normal distribution)를 따른다는 것을 가정할 수 있어야 한다. 척도를 명시변수로 정의하는 경우 일반적으로는 척도를 구성하는 문항에 대한 응답 값을 전부 더하거나 평균을 구하여 척도의 값으로 설정한다. 여기서 연구자는 척도의 값이 정규분포를 따르는지 여부를 검정할 필요가 있는 경우에 척도에 대한 정규성 검정(normality test)을 한다. 다중회귀 분석에서는 모형의 잔차에 대한 정규성 검정이 요구된다.

2.4 범주형 변수에 대한 연구자의 관심 내용

데이터의 종류가 성별, 거주지, 결혼형태와 같이 집단의 속성을 나타내는 범주형(categorical) 데이터인 경우, 그 범주 간의 관계가 있는지 여부를 검증할 필요가 있다. 예를 들어, 성별에 따른 학력의 분포도가 동일한지 여부, 실험집단과 통제집단의 성별구성이 동일한지 여부 등을 검증할 필요가 있다. 이 경우 사용되는 검증 방법이 동질성 검정과 독립성 검정이다.

독립성 검정 또는 동질성 검정을 위해서는 분할표(contingency table)가 필요하다. 분할표를 작성하기 위해서는 두 가지의 범주형 변수가 필요하며, 이 중 하나를 행(row) 변수로 놓고 다른 하나를 열(column) 변수로 설정한다. 예를 들어, 성별에 따른 학력분포도가 동일한지 여부를 검증할 경우 성별(남/여)을 행 변수로 설정하고, 학력(1,2,3,4)을 열 변수로 설정한다.

독립성(independence) 검정과 동질성(homogeneity) 검정의 일반적인 차이는 표본을 구하는 방법에 따라서 결정이 된다. 일반적으로 연구를 진행하기 위해서 전체 표본의 크기가 정해진 다음 확률표본추출 방법으로 데이터가 수집이 되었을 경우에는 독립성 검정이라고 부르며, 전체 표본의 크기보다는 행 변수(또는 열 변수)의 크기를 정한 다음, 각 행 변수(또는 열 변수)의 각 수준에 해당되는 모집단으로부터 확률표본추출이 진행되었을 경우에는 동질성 검정이라고 부른다. 예를 들어, 전체 표본 1,000명을 확률표본추출 방법을 통하여 조사를 진행하였다면 성별과 학력의 독립성 검정이 되고, 남자 510명, 여자 490명을 미리 정한 후에 각 성별에서 확률표본추출 방법으로 조사를 진행하였다면 성별에 따른 학력분포도의 동질성 검정이 된다. 독립성 검정에서 귀무가설이 의미하는 바는 성별과 학력은 서로 독립적인 관계로, 성별에 따라서 학력의 분포도가 다르게 나타나지 않는다는 의미이다. 동질성 검정에서 귀무가설이 의미하는 바는 남자의 학력분포도와 여자의 학력분포도는 동일하게 나타나는 관계로, 학력의 분포도가 성별에 따라서 다르게 나타나지 않는다는 의미이다. 따라서 독립성 검정과 동질성 검정은 표본추출 방법에 따른 귀무가설의 용어 차이이지 실질적인 해석의 차이는 없다고 볼 수 있다.

조사연구에서 동질성 검정 또는 독립성 검정을 사용하는 경우는 모집단으로부터 표본이 편중되지 않고 골고루 추출되었다는 것을 입증하기 위한 방법으로 사용되는 경우가 많으며, 실험연구에서는 실험집단, 비교집단, 통제집단을 구성하고 있는 연구대상의 인구통계적 특성이 차이가 없다는 것을 입증하여, 공정한 비교가 진행되고 있다고 주장하기 위한 목적으로 사용되는 경우가 많다.

3. SPSS 실행

　이 책에서 다루고 있는 예 데이터 및 실습 데이터는 'C:\SPSS' 폴더에 저장되어 있다고 가정한다. 윈도우에서 'SPSS'를 연 후에 **파일(F) → 열기(O) → 데이터(D)**를 클릭한 다음 'C:\SPSS' 폴더에 있는 "Data1.sav"를 선택하고 **열기(O)**를 클릭한다. 이 책에서는 'IBM SPSS Statistics 25'를 사용하였지만 그 이전의 버전에서도 대부분의 기능이 작동되기 때문에 그 이전 버전을 사용하는 연구자도 큰 어려움이 없을 것으로 생각한다.

4. SPSS 화면의 종류

위와 같은 과정을 거치면 'IBM SPSS Statistics Data Editor' 화면과 'IBM SPSS Statistics Viewer' 화면이 나타난다. 'Data Editor'는 데이터에 대한 정보가 저장되어 있으며 'Viewer' 화면은 불러들인 데이터에 대한 분석내용과 그 결과물이 출력되는 화면이다.

1) IBM SPSS Statistics Data Editor

Data1.sav [데이터집합1] - IBM SPSS Statistics Data Editor

파일(F) 편집(E) 보기(V) 데이터(D) 변환(T) 분석(A) 다이렉트 마케팅(M) 그래프(G) 유틸리티(U) 창(W) 도움말(H)

	이름	유형	너비	소수점이...	설명	값	결측값	열	맞춤	측도	역할
1	Q1	숫자	11	0		없음	없음	13	오른쪽	척도(S)	입력
2	Q2	숫자	11	0		없음	없음	13	오른쪽	척도(S)	입력
3	Q3	숫자	11	0		없음	없음	13	오른쪽	척도(S)	입력
4	Q4	숫자	11	0		없음	없음	13	오른쪽	척도(S)	입력
5	Q5	숫자	11	0		없음	없음	13	오른쪽	척도(S)	입력
6	Q6	숫자	11	0		없음	없음	13	오른쪽	척도(S)	입력
7	Q7	숫자	11	0		없음	없음	13	오른쪽	척도(S)	입력
8	Q8	숫자	11	0		없음	없음	13	오른쪽	척도(S)	입력
9	Q9	숫자	11	0		없음	없음	13	오른쪽	척도(S)	입력
10	Q10	숫자	11	0		없음	없음	13	오른쪽	척도(S)	입력
11	Q11	숫자	11	0		없음	없음	13	오른쪽	척도(S)	입력
12	Q12	숫자	11	0		없음	없음	13	오른쪽	척도(S)	입력
13	Q13	숫자	11	0		없음	없음	13	오른쪽	척도(S)	입력
14	Q14	숫자	11	0		없음	없음	13	오른쪽	척도(S)	입력
15	Q15	숫자	11	0		없음	없음	13	오른쪽	척도(S)	입력
16	Q16	숫자	11	0		없음	없음	13	오른쪽	척도(S)	입력
17	Q17	숫자	11	0		없음	없음	13	오른쪽	척도(S)	입력
18	Q18	숫자	11	0		없음	없음	13	오른쪽	척도(S)	입력
19	Q19	숫자	11	0		없음	없음	13	오른쪽	척도(S)	입력
20	Q20	숫자	11	0		없음	없음	13	오른쪽	척도(S)	입력
21	Gender	숫자	11	0	성별(여=0,남=1)	없음	없음	6	오른쪽	명목(N)	입력
22	EDU	숫자	11	0	교육정도	없음	없음	11	오른쪽	명목(N)	입력
23	BF	숫자	10	1	건강한 몸의 느낌	없음	없음	12	오른쪽	척도(S)	입력
24	BM	숫자	10	1	건강한 자기관리	없음	없음	12	오른쪽	척도(S)	입력
25	Happiness	숫자	10	1	행복	없음	없음	12	오른쪽	척도(S)	입력
26	Peace	숫자	10	1	평화	없음	없음	12	오른쪽	척도(S)	입력

2) IBM SPSS Statistics Viewer

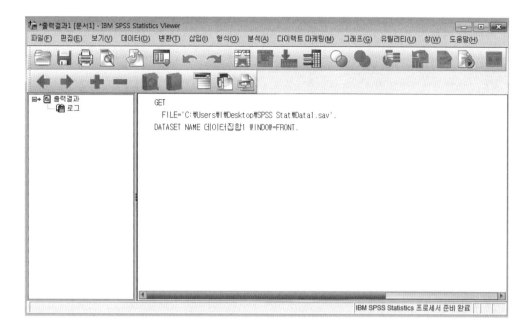

기초적인 연구가설과
SPSS 통계분석

앞의 장에서 살펴 본 관심 내용의 종류를 정리하면 〈표 3-1〉과 같다.

〈표 3-1〉 연구 종류에 따른 관심 내용

연구 종류 및 데이터	번호	관심 내용
설문조사연구 (Data1.sav)	1	연구 집단의 전체 평균
	2	두 집단의 비교
	3	여러 집단의 비교
	4	두 변수간의 상관관계
	5	설명변수와 반응변수의 선형관계
	6	집단에 따른 설명변수와 반응변수의 관계
실험연구 (Data2.sav)	7	프로그램의 효과 검증(집단 수 ≥ 2, 반복측정 횟수 ≥ 2)
	8	프로그램의 효과 검증(집단 수 ≥ 2, 반복측정 횟수 ≥ 3)
척도분석 (Data1.sav)	9	척도(변수)의 정의 및 타당도
	10	척도의 신뢰도
	11	척도의 정규성
동질성/독립성 검정 (Data2.sav)	12	행 변수와 열 변수의 동질성/독립성

본 장에서는 〈표 3-1〉에서 제시된 연구자의 관심내용을 구체적으로 제시하고, 그러한 연구문제를 해결하기 위한 통계분석 기법을 설명한 후에 SPSS를 이용하여 연구문제를 검증할 수 있는 방법을 제시하고 그 출력결과를 해석하는 방법을 다루고 있다.

1. 연구 집단의 전체 평균

[연구문제 1] 대한민국 성인의 평균 행복지수는 얼마인가?

[연구문제 해결을 위한 통계분석 설명]

'연구문제 1'과 같이 모집단의 전체 평균에 관심을 가지고 있는 경우에는 표본의 크기가 작을 경우(일반적으로 30명 미만)에는 '행복지수'가 정규분포를 따른다는 것을 가정하여야 한다(정규성을 가정할 수 없는 경우에는 Wilcoxon 부호순위검정과 같은 비모수적인 통계분석방법을 사용한다). 하지만 표본의 크기가 클 경우(일반적으로 30명 이상)에는 중심극한정리에 의해서 '행복지수'의 정규성 여부에 관계없이 **일표본 t-검정**을 사용할 수 있다.

[SPSS 명령]

1. **분석(A) → 평균 비교(M) → 일표본 T 검정(S)**을 클릭한다.

2. **확인**을 클릭한다.

[SPSS 출력결과 및 해석]

일표본 통계량

	N	평균	표준화 편차	표준오차 평균
행복	1946	3.544	.7601	.0172

일표본 검정

검정값 = 0

	t	자유도	유의확률 (양측)	평균차이	차이의 95% 신뢰구간 하한	차이의 95% 신뢰구간 상한
행복	205.680	1945	.000	3.5438	3.510	3.578

'행복' 척도에 대한 95% 신뢰구간은 (3.510, 3.578)로 계산되었다. 이는 대한민국 성인을 연구대상으로 하여 1,946명을 표본으로 추출하여 설문조사한 데이터로부터 '행복' 척도(최소 1점, 최대 5점)에 대한 95% 신뢰구간을 구한 결과 신뢰하한 3.51, 신뢰상한 3.578로 계산되었다는 것을 의미한다. 이 결과를 해석하면 대한민국 성인의 평균 행복지수는 1,946명으로 이루어진 표본으로부터 얻은 자료를 토대로 판단컨대 최소 3.51, 최대 3.578 사이에 있을 가능성이 95% 정도라는 것을 의미한다. 여기서 95%는 연구자의 주장(귀무가설)이 실제적으로 참인 경우에 연구자가 귀무가설을 채택할 가능성을 나타내는 값으로 신뢰수준(confidence level)이라고 부른다. 반면에 1에서 신뢰수준을 뺀 값을 유의수준(significance level)이라고 부르며 이는 연구자의 귀무가설이 실제적으로 참인 경우에 연구자가 귀무가설을 기각할 가능성을 나타내는 값으로 잘못된 의사결정을 할 확률을 나타내는 값이다. 연구자가 잘못된 의사결정을 저지를 확률(유의수준)을 낮게 설정하고 싶다면 유의수준을 5%에서 1% 정도로 낮출 수도 있다. 이럴 경우 신뢰수준은 95%에서 99%로 증가하게 된다. 신뢰수준 99%에서 '행복'에 대한 신뢰구간을 구하면[**분석(A)** → **평균 비교(M)** → **일표본 T 검정(S)** → **옵션(O)**에서 신뢰구간을 99로 설정] (3.499, 3.588)이 된다. '행복'에 대한 99% 신뢰구간은 95% 신뢰구간보다 하한과 상한이 더 넓은 것을 알 수 있다. 이는 대한민국 성인 전체의 평균행복이 얼마인지는 모르지만 그 구간 안에 있을 가능성은 높아지면서 정밀성은 떨어지는 결과를 초래하는 것이다.

2. 두 집단의 비교

[연구문제 2] 성인남녀 두 집단의 평균 행복지수는 같은가? 같지가 않다면 어느 집단의 평균 행복지수가 높은가?

[연구문제 해결을 위한 통계분석 설명]

'연구문제 2'는 모집단을 두 집단으로 구분할 경우 그 두 집단의 평균비교에 관심을 가지고 있는 경우이다. '연구문제 1'과 같이 두 표본집단의 크기가 작을 경우(일반적으로 30명 미만)에는 각 집단의 '행복지수'가 정규분포를 따른다는 것을 가정하여야 한다(정규성을 가정할 수 없는 경우에는 비모수적인 통계분석방법을 사용한다). 두 표본집단의 크기가 클 경우(일반적으로 각 30명 이상)에는 각 집단의 '행복지수'의 정규성 여부에 관계없이 **'이표본 t-검정(Two-Sample t-Test)'**을 사용할 수 있다.

두 집단의 평균 비교를 하기 위해서는 두 집단의 분산이 동일한지 여부를 먼저 검정하여야 한다. 이는 두 집단의 분산(또는 표준편차)이 동일할 경우와 동일하지 않을 경우에 적용되는 검정통계량(여기서는 t-통계량)의 공식이 다르기 때문이다.

[SPSS 명령]

1. 분석(A) → 평균 비교(M) → 독립표본 T 검정(T)을 클릭한다.
2. 화면과 같이 설정하고 **집단정의(D)**를 클릭한다.

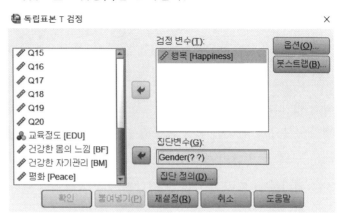

3. 아래 화면과 같이 지정하고 **계속 → 확인**을 클릭한다.

[SPSS 출력결과 및 해석]

집단통계량

	성별(여=0,남=1)	N	평균	표준화 편차	표준오차 평균
행복	0	1146	3.557	.7580	.0224
	1	800	3.524	.7630	.0270

독립표본 검정

		Levene의 등분산 검정		평균의 동일성에 대한 T 검정						
		F	유의확률	t	자유도	유의확률 (양측)	평균차이	표준오차 차이	차이의 95% 신뢰구간 하한	상한
행복	등분산을 가정함	.160	.690	.941	1944	.347	.0330	.0350	-.0357	.1016
	등분산을 가정하지 않음			.940	1712.173	.347	.0330	.0351	-.0358	.1017

남녀 두 집단에 대한 '행복' 척도의 분산이 동일한지 여부는 'Levene의 등분산 검정' 결과를 보면 된다. 유의확률을 보면 .690으로 사회과학에서 일반적으로 설정하는 유의 수준인 .05보다 크다. 이는 '남녀 두 집단의 행복에 대한 분산이 동일하다'라는 귀무가 설을 받아들일 수가 있다는 것을 의미한다. 그 다음 단계로 '평균의 동일성에 대한 t-검 정'에서 '등분산이 가정됨'에 해당되는 유의확률을 보면 .347로 유의수준 .05보다 크다. 이는 '남녀 두 집단의 행복에 대한 평균이 동일하다'라는 귀무가설을 채택할 수 있다는 것을 의미한다. 따라서 남녀 두 집단의 평균 행복이 동일하다고 볼 수 있다.

3. 여러 집단의 비교

[연구문제 3-1] 대한민국 성인의 평균 행복지수는 교육정도에 따른 집단 간 에 차이가 있는가? 차이가 있다면 어느 집단이 높은가?

[연구문제 해결을 위한 통계분석 설명]

 '연구문제 3-1'은 모집단을 한 종류의 집단구분변수(교육정도)를 사용하여 세 수준 이상으로 구분할 경우 그 집단수준 간의 평균비교에 관심을 가지고 있는 경우이다. 이 경우 **'일원분산분석(One-Way ANOVA)'**을 사용할 수 있다. 일원분산분석에서는 각 집단수준에 속하는 구성원간의 행복지수가 다른 것은 단지 우연히 발생하였다는 것을 가정한다. 이는 개인적인 행복지수는 그 개인이 속한 집단수준의 평균 행복지수와 우연히 발생한 개인적인 오차의 합으로 표현되며, 이러한 오차(error)의 분포는 정규분포를 따르고 있다는 것을 가정하고 있다는 의미이다. 오차에 대한 정규성 여부를 검정하는 것은 일원분산분석 후에 오차를 추정한 잔차(residual)에 대한 분석을 통하여 가능하다.

 교육정도에 따른 각 집단수준 간의 평균 비교를 위해서는 각 집단수준의 분산이 동일한지 여부를 먼저 검정하여야 한다. 이는 일원분산분석에서는 각 집단수준의 분산(또는 표준편차)이 동일하다는 것을 가정하고 있기 때문이다. 하지만 각 집단수준 간의 평균 차이를 평균이 동일한 집단으로 그룹화 시키거나 두 집단수준 간의 평균비교를 위하여 수행하는 사후분석에서는 각 집단수준의 분산이 동일하지 않은 경우에도 해당되는 출력결과를 얻을 수 있다.

 각 집단수준의 분산이 동일할 경우 사후검정에서 권장되는 방법은 Scheffe 방법이 권장되지만, 두 집단수준의 평균비교가 목적이면서 각 집단수준의 표본의 크기가 동일할 경우에는 Tukey 방법이 권장된다. 각 집단수준의 분산이 동일하지 않을 경우에는 SPSS에서 제공하는 방법은 네 가지가 있다. 일반 연구자의 입장에서는 구하는 공식의 차이가 있다는 정도로 이해를 하면 좋을 것 같다.

[SPSS 명령] – 일원분산분석 모형

1. **분석(A) → 일반선형모형(G) → 일변량(U)**을 클릭한다[**분석(A) → 평균 비교(M) → 일원 배치 분산분석(O)**으로도 일부 가능하다].

2. 아래 화면과 같이 설정하고 **사후분석(H)**을 클릭한다.

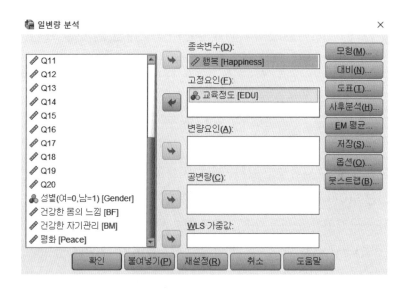

3. 아래 화면과 같이 설정하고 **계속(C)**을 클릭한다.

4. 저장(S)을 클릭한 후 화면과 같이 지정하고 **계속(C)**을 클릭한다.

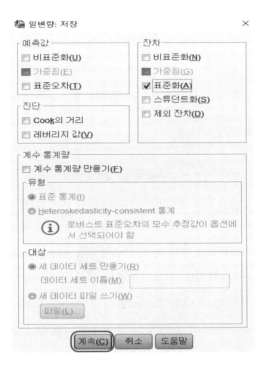

5. 옵션(O)을 클릭한 후 화면과 같이 지정하고, **계속(C)** → **확인**을 클릭한다.

[SPSS 출력결과 및 해석]

오차 분산의 동일성에 대한 Levene의 검정[a,b]

		Levene 통계량	자유도1	자유도2	유의확률
행복	평균을 기준으로 합니다.	3.415	3	1942	.017
	중위수를 기준으로 합니다.	2.557	3	1942	.054
	자유도를 수정한 상태에서 중위수를 기준으로 합니다.	2.557	3	1931.051	.054
	절삭평균을 기준으로 합니다.	3.166	3	1942	.024

여러 집단에서 종속변수의 오차 분산이 동일한 영가설을 검정합니다.

a. 종속변수: 행복

b. Design: 절편 + EDU

분산분석은 각 집단수준의 오차분산이 동일하다는 것을 가정하고 있으며 행복데이터가 이를 충족시키는지를 확인할 필요가 있다. 이를 확인하기 위해서는 평균을 기준으로 한 오차 분산의 동일성에 대한 Levene 검정결과를 보면 된다. 그 결과 F-값이 3.415이고 그에 대한 유의확률은 .017으로 유의수준 .05보다 작다. 이는 각 집단수준의 오차분산이 동일하다는 귀무가설이 기각된다는 것을 의미한다. 따라서 교육정도에 따른 네 집단수준의 오차분산은 동일하다고 볼 수 없다.

개체-간 효과 검정

종속변수: 행복

소스	제 III 유형 제곱합	자유도	평균제곱	F	유의확률
수정된 모형	5.513[a]	3	1.838	3.192	.023
절편	16563.485	1	16563.485	28769.045	.000
EDU	5.513	3	1.838	3.192	.023
오차	1118.087	1942	.576		
전체	25562.083	1946			
수정된 합계	1123.600	1945			

a. R 제곱 = .005 (수정된 R 제곱 = .003)

교육정도에 따른 네 집단수준 간의 평균행복이 동일하다는 귀무가설에 대한 검정통계량인 F-값은 3.192이며 이에 대한 유의확률은 .023으로 일반적인 유의수준 .05보다

작다. 따라서 각 집단수준의 평균이 동일하다는 귀무가설은 기각된다(하지만 분산분석
에서 각 집단의 평균의 동일성을 검정할 경우 오차항에 대한 정규성과 분산의 동일성을 가정하
고 있음을 유의하여 해석에 신중을 기하여야 한다)

사후검정

교육정도

다중비교

종속변수: 행복

	(I) 교육정도	(J) 교육정도	평균차이(I-J)	표준오차	유의확률	95% 신뢰구간 하한	95% 신뢰구간 상한
Scheffe	1	2	.136	.0603	.165	-.033	.305
		3	.060	.0546	.754	-.093	.212
		4	-.038	.0728	.966	-.241	.166
	2	1	-.136	.0603	.165	-.305	.033
		3	-.076	.0421	.348	-.194	.041
		4	-.174	.0640	.061	-.353	.005
	3	1	-.060	.0546	.754	-.212	.093
		2	.076	.0421	.348	-.041	.194
		4	-.097	.0586	.430	-.261	.067
	4	1	.038	.0728	.966	-.166	.241
		2	.174	.0640	.061	-.005	.353
		3	.097	.0586	.430	-.067	.261
Tamhane	1	2	.136	.0563	.092	-.013	.285
		3	.060	.0514	.817	-.076	.196
		4	-.038	.0717	.996	-.227	.152
	2	1	-.136	.0563	.092	-.285	.013
		3	-.076	.0413	.328	-.185	.032
		4	-.174*	.0648	.045	-.345	-.003
	3	1	-.060	.0514	.817	-.196	.076
		2	.076	.0413	.328	-.032	.185
		4	-.097	.0606	.500	-.258	.063
	4	1	.038	.0717	.996	-.152	.227
		2	.174*	.0648	.045	.003	.345
		3	.097	.0606	.500	-.063	.258

관측평균을 기준으로 합니다.
오차항은 평균제곱(오차) = .576입니다.

*. 평균차이는 .05 수준에서 유의합니다.

다음 단계는 사후분석에서 각 집단수준 간의 평균비교시 등분산을 가정하지 않는 경우의 사후검정 결과인 Tamhane 출력결과를 살펴보아야 한다. 유의확률이 일반적인 유의수준 .05보다 작은 경우를 살펴보면 교육정도(2)와 교육정도(4)의 경우 .045로 나타났다. 이는 교육정도(2)인 집단이 교육정도(4)인 집단 보다는 평균행복이 낮게 나타났다는 것을 의미한다.

앞에서 이미 언급하였듯이 오차항에 대한 정규성은 오차에 대한 추정값인 잔차(residual)에 대한 정규성을 통하여 검정한다. 이는 '저장(S)' 옵션에서 저장한 잔차(여기서는 '표준화(A)'를 선택하여 저장한 표준화 잔차) 'ZRE_1'에 대한 정규성 검정(이 교재의 '척도의 정규성' 참조)을 통하여 할 수 있다.

[연구문제 3-2] 대한민국 성인의 평균 행복지수는 성별 및 교육정도에 따른 집단 간에 차이가 있는가? 차이가 있다면 어느 집단이 높은가?

[연구문제 해결을 위한 통계분석 설명]

'연구문제 3-2'는 모집단을 두 종류의 집단구분변수(성별, 교육정도)를 사용하여 각 집단수준 간의 평균비교에 관심을 가지고 있는 경우이다. 이 경우 '**이원분산분석(Two-Way ANOVA)**'을 사용할 수 있다. 이원분산분석에서는 일원분산분석과 같이 각 집단수준에 속하는 구성원간의 행복지수가 다른 것은 단지 우연히 발생하였다는 것을 가정한다. 이는 개인적인 행복지수는 그 개인이 속한 집단수준의 평균 행복지수와 우연히 발생한 개인적인 오차의 합으로 표현되며, 이러한 오차(error)의 분포는 정규분포를 따르고 있다는 것을 가정하고 있다는 의미이다. 오차에 대한 정규성 여부를 검정하는 것은 이원분산분석 후에 오차를 추정한 잔차(residual)에 대한 분석을 통하여 가능하다.

[SPSS 명령] – 상호작용이 없는 이원분산분석 모형

1. 분석(A) → 일반선형모형(G) → 일변량(U)을 클릭한다.
2. 아래 화면과 같이 설정하고 **모형(M)**을 클릭한다.

3. 아래 화면과 같이 설정한 후(여기서 '요인 및 공변량(F):' 박스 안에 있는 변수, 예를 들어 'Gender'를 '모형(M):' 박스 안으로 보내고자 할 경우 'Gender'를 클릭 한 후에  를 클릭하면 된다), **계속(C)** → **확인**을 클릭한다.

[SPSS 출력결과 및 해석]

개체-간 효과 검정

종속변수: 행복

소스	제 III 유형 제곱합	자유도	평균제곱	F	유의확률
수정된 모형	5.992[a]	4	1.498	2.601	.034
절편	16049.990	1	16049.990	27874.734	.000
Gender	.479	1	.479	.831	.362
EDU	5.480	3	1.827	3.173	.023
오차	1117.608	1941	.576		
전체	25562.083	1946			
수정된 합계	1123.600	1945			

a. R 제곱 = .005 (수정된 R 제곱 = .003)

성별(Gender)과 교육정도(EDU)의 효과가 있는지를 살펴보기 위하여 그에 해당되는 유의확률을 보면 성별의 경우 .362로 유의수준 .05보다 큰 것을 알 수 있다. 이는 남녀 간의 평균 행복지수의 차이가 없다는 것을 의미한다. 따라서 이원분산분석 모형에서 성별(Gender)을 제거한 모형인 일원분산분석모형으로 돌아가야 한다. 이는 [연구문제 3-1]과 같다.

[연구문제 3-3] 대한민국 성인의 평균 평화지수는 성별 및 교육정도에 따른 집단 간에 차이가 있는가? 차이가 있다면 어느 집단이 높은가?

[SPSS 명령] – 상호작용이 없는 이원분산분석 모형

1. 분석(A) → 일반선형모형(G) → 일변량(U)을 클릭한다.
2. 재설정(R)을 클릭한다(새로운 형태의 분석을 할 경우 재설정을 하는 것이 좋다)
3. 아래 화면과 같이 설정하고 **모형(M)**을 클릭한다.

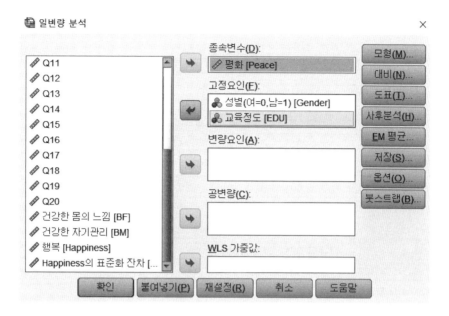

4. 아래 화면과 같이 설정하고 **계속(C) → 확인**을 클릭한다.

[SPSS 출력결과 및 해석]

개체-간 효과 검정

종속변수: 평화

소스	제 III 유형 제곱합	자유도	평균제곱	F	유의확률
수정된 모형	16.281[a]	4	4.070	9.103	.000
절편	16408.669	1	16408.669	36698.847	.000
Gender	2.601	1	2.601	5.816	.016
EDU	12.965	3	4.322	9.666	.000
오차	867.854	1941	.447		
전체	25488.994	1946			
수정된 합계	884.134	1945			

a. R 제곱 = .018 (수정된 R 제곱 = .016)

종속변수 평화를 설명하기 위하여 성별(Gender)과 교육정도(EDU)가 유의한 변수인
지를 살펴보기 위하여 그에 해당되는 유의확률을 보면 성별의 경우 .016이고 교육정도
의 경우 .000으로 모두 유의수준 .05보다 작은 것을 알 수 있다. 이는 성별과 교육정도
에 따라서 평균 평화지수는 다르게 나타난다는 것을 의미한다. 여기서 연구자는 성별
에 따른 평화지수의 변화가 교육정도에 따라서 같게 나타나는지 아니면 다르게 나타나
는지(혹은, 교육정도에 따른 평화지수의 변화가 성별에 따라서 같게 나타나는지 아니면 다르게
나타나는지)를 살펴볼 필요가 있다. 이 경우 교육정도(또는 성별)를 성별(또는 교육정도)과
평화지수의 관계를 조절하는 조절변수(moderator)라고 부르고, 조절변수가 관계에 미
치는 효과를 조절효과(moderating effect)라고 부른다. 조절효과를 검증하는 방법은 종
속변수를 설명하기 위한 두 집단 변수인 성별과 교육정도 사이의 상호작용(interaction)
항을 이원분산분석 모형에 넣어서 분석하는 것이다.

[SPSS 명령] – 상호작용이 있는 이원분산분석 모형

1. **분석(A) → 일반선형모형(G) → 일변량(U)**을 클릭한다.
2. **재설정(R)**을 클릭한 후 아래 화면처럼 설정한다(여기서 재설정을 하는 이유는 SPSS에
   서는 상호작용이 있는 이원분산분석 모형을 기본 모형으로 하여서 분석하기 때문에 전 단계
   에서 설정한 분석 내용을 기본으로 재설정하기 위함이다).

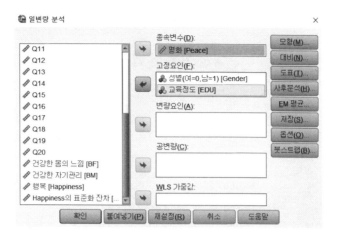

3. 확인을 클릭한다.

[연구문제 3-3]의 '상호작용이 없는 이원분산분석 모형' 실행 후 '**재설정(R)**'을 사용하지 않고 위의 단계와 같은 결과를 얻기 위해서는 다음과 같이 진행할 수 있다.

1. 모형(M)을 클릭한다(여기서 '**모형(M)**' 박스 안에 성별과 교육정도의 상호작용 항 'EDU*Gender'를 보내는 방법은 'Gender'를 클릭 한 후 키보드의 'Shift' 키를 누른 상태에서 'EDU'를 클릭 한 다음 상호작용 ▾을 클릭하면 된다.)

2. 계속(C) → **확인**을 클릭한다.

[SPSS 출력결과 및 해석]

개체-간 효과 검정

종속변수: 평화

소스	제 III 유형 제곱합	자유도	평균제곱	F	유의확률
수정된 모형	17.290[a]	7	2.470	5.522	.000
절편	14736.352	1	14736.352	32945.999	.000
Gender	.958	1	.958	2.142	.143
EDU	13.293	3	4.431	9.907	.000
Gender*EDU	1.009	3	.336	.752	.521
오차	866.844	1938	.447		
전체	25488.994	1946			
수정된 합계	884.134	1945			

a. R 제곱 = .020 (수정된 R 제곱 = .016)

종속변수 평화를 설명하기 위한 상호작용이 있는 이원분산분석 모형에서 상호작용 효과가 있는지 여부를 판단하기 위한 유의확률을 살펴보면 .521로 유의수준 .05보다 크게 나타났다. 이는 상호작용 효과가 없다는 것을 의미한다. 따라서 성별과 교육정도의 상호작용이 없는 이원분산분석 모형을 분석하여야 한다. 이는 바로 앞에서 다룬 [연구문제 3-3]의 '상호작용이 없는 이원분산분석 모형'의 결과와 같다. 하지만 앞에서의 출력결과는 성별과 교육정도라는 변인이 평화를 설명하기 위한 유의미한 변인인지를 판단하기 위한 분석이었으며 논문에서 분산분석표(ANOVA table) 형태로 분석결과를 보고하기 위해서는 제1유형 제곱합(Type I Sum of Squares)의 형태로 분석된 결과를 보고하여야 한다. 이를 위해서는 평화를 설명하는 설명력이 높은 요인 순으로 변수를 입력하여야 한다. 앞의 '상호작용이 없는 이원분산분석 모형' 출력결과를 살펴보면 교육정도(EDU)의 제3유형 제곱합이 12.965로 성별(Gender)의 제3유형 제곱합인 2.601보다 높은 것을 알 수 있다. 논문에서 분산분석표를 작성하기 위한 출력결과를 얻기 위한 방법은 다음과 같다.

[SPSS 명령] – 분산분석표 작성을 위한 방법

1. 분석(A) → 일반선형모형(G) → 일변량(U)을 클릭한다.
2. 아래 화면과 같이 설정하고 **모형(M)**을 클릭한다.

3. 아래 화면과 같이 설정한 후 제곱합(Q) 버튼에서 제I유형 ▼ 버튼을 선택한다.

4. **계속(C) → 확인**을 클릭한다.

[SPSS 출력결과 및 해석]

개체-간 효과 검정

종속변수: 평화

소스	제 I 유형 제곱합	자유도	평균제곱	F	유의확률
수정된 모형	16.281[a]	4	4.070	9.103	.000
절편	24604.859	1	24604.859	55030.054	.000
EDU	13.680	3	4.560	10.199	.000
Gender	2.601	1	2.601	5.816	.016
오차	867.854	1941	.447		
전체	25488.994	1946			
수정된 합계	884.134	1945			

a. R 제곱 = .018 (수정된 R 제곱 = .016)

종속변수 평화에 대하여 교육정도(EDU)와 성별(Gender)의 유의성에 대한 유의확률이 각각 .000과 .016으로 모두 유의수준 .05보다 작게 나타났으며, 평화의 전체 제곱합(수정된 잔차)은 884.134이고 이는 교육정도(EDU)에 의해서 설명되는 제곱합이 13.680이고 추가적으로 성별(Gender)에 의해서 설명되는 제곱합이 2.601이라는 것을 알 수 있다. 이는 교육정도와 성별에 의해서 설명되는 제곱합이 16.281(= 13.680 + 2.601)이고, 이는 전체 제곱합의 1.8%(.018)를 설명하고 있다는 것을 의미한다.

평화를 설명하기 위하여 성별과 교육정도가 유의미한 변수라는 것을 살펴보았고, 두 변수에 의한 설명력(R 제곱)이 1.8%라는 것을 살펴보았다. 그 다음 단계는 사후분석을 통하여 성별과 교육정도의 수준에 따른 집단 간의 차를 구체적으로 살펴보는 것이다.

[SPSS 명령] – 사후분석

1. 분석(A) → 일반선형모형(G) → 일변량(U)을 클릭한다.
2. 재설정(R)을 클릭한 후 아래 화면과 같이 설정한다.

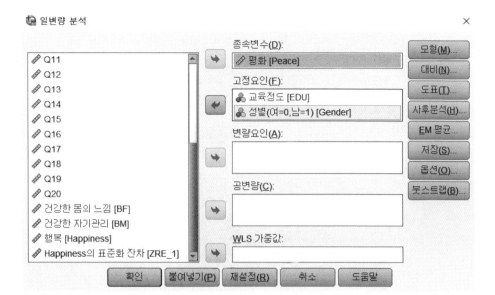

3. 모형(M)을 클릭한 후 아래 화면과 같이 설정하고 **계속(C)**을 클릭한다.

4. 도표(T)를 클릭한 후 아래 화면과 같이 설정하고 **계속(C)**을 클릭한다.

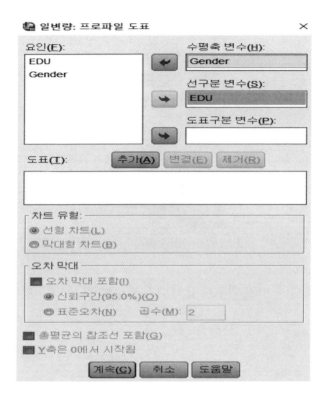

5. 사후분석(H)을 클릭한 후 아래 화면과 같이 설정하고 **계속(C)**을 클릭한다.

6. EM 평균을 클릭한 후 아래 화면과 같이 설정한 후 **계속(C)**을 클릭한다.

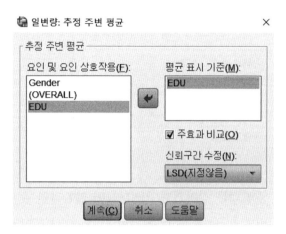

7. **옵션**(O)을 클릭한 후 아래 화면과 같이 설정한 후 **계속(C)**을 클릭한다.

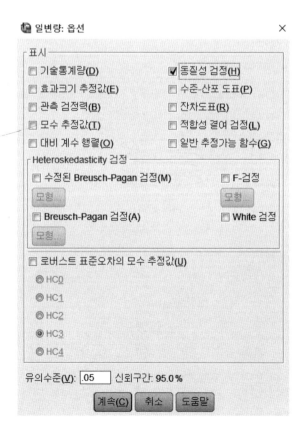

8. **확인**을 클릭한다.

[SPSS 출력결과 및 해석]

오차 분산의 동일성에 대한 Levene의 검정[a]

종속변수: 평화

F	자유도1	자유도2	유의확률
6.285	7	1938	.000

여러 집단에서 종속변수의 오차 분산이 동일한 영가설을 검정합니다.

a. Design: 절편 + EDU + Gender

오차 분산의 동일성에 대한 검정결과 유의확률이 일반적인 유위수준 .05보다 작게 나타났다. 따라서 성별과 교육정도에 따른 8개 집단의 오차분산이 동일하다는 귀무가설은 기각된다. 이는 오차분산의 동일성을 가정하고 있는 이원분산분석 모형을 적용할 경우 해석에 있어서 보다 신중을 기할 필요가 있다는 것을 의미한다.

추정 주변 평균

1. 교육정도

추정값

종속변수: 평화

교육정도	평균	표준오차	95% 신뢰구간 하한	상한
1	3.696	.044	3.609	3.783
2	3.494	.031	3.434	3.555
3	3.510	.021	3.469	3.551
4	3.705	.047	3.613	3.798

대응별 비교

종속변수: 평화

(I) 교육정도	(J) 교육정도	평균차이(I-J)	표준오차	유의확률[b]	차이에 대한 95% 신뢰구간[b] 하한	상한
1	2	.202*	.053	.000	.097	.306
	3	.186*	.048	.000	.091	.281
	4	-.009	.065	.888	-.136	.118
2	1	-.202*	.053	.000	-.306	-.097
	3	-.016	.037	.672	-.088	.057
	4	-.211*	.056	.000	-.322	-.100
3	1	-.186*	.048	.000	-.281	-.091
	2	.016	.037	.672	-.057	.088
	4	-.195*	.052	.000	-.297	-.094
4	1	.009	.065	.888	-.118	.136
	2	.211*	.056	.000	.100	.322
	3	.195*	.052	.000	.094	.297

추정 주변 평균을 기준으로

*. 평균차이는 .05 수준에서 유의합니다.

b. 다중비교를 위한 수정:최소유의차 (수정하지 않은 상태와 동일합니다.)

성별과 교육정도를 토대로 평화를 설명하기 위한 이원분산분석 모형을 적용할 경우 평화지수에 대한 교육정도1, 교육정도2, 교육정도3, 교육정도4 집단의 평균은 각각 3.696, 3.494, 3.510, 3.705로 추정되었다. 이를 크기 순서로 정렬하면 교육정도4, 교육정도1, 교육정도3, 교육정도2인 것을 알 수 있다.

추정값을 중심으로 각 교육정도의 평화지수의 평균에 대한 95% 신뢰구간을 비교하면 교육정도4와 교육정도1의 신뢰구간은 (3.613, 3.799)와 (3.609, 3.783)으로 서로 겹치고 있으며, 교육정도3과 교육정도2의 신뢰구간은 (3.469, 3.551)과 (3.434, 3.555)로 서로 겹치고 있지만 교육정도4와 교육정도1의 신뢰구간과는 겹치지 않고 있다는 것을 알 수 있다. 이는 교육정도의 수준에 따른 집단은 (교육정도4, 교육정도1)과 (교육정도3, 교육정도2)의 두 집단으로 나눌 수 있다는 것을 의미한다. 대응별 비교를 통한 교육정도의 수준에 따른 집단 비교에서도 같은 결과가 나타나고 있는 것을 확인할 수 있다.

2. 성별(여=0,남=1)

추정값

종속변수: 평화

성별(여=0,남=1)	평균	표준오차	95% 신뢰구간	
			하한	상한
0	3.639	.022	3.595	3.683
1	3.564	.026	3.512	3.616

대응별 비교

종속변수: 평화

(I) 성별(여=0,남=1)	(J) 성별(여=0,남=1)	평균차이(I-J)	표준오차	유의확률[b]	차이에 대한 95% 신뢰구간[b]	
					하한	상한
0	1	.075[*]	.031	.016	.014	.136
1	0	-.075[*]	.031	.016	-.136	-.014

추정 주변 평균을 기준으로

*. 평균차이는 .05 수준에서 유의합니다.

b. 다중비교를 위한 수정: 최소유의차 (수정하지 않은 상태와 동일합니다.)

성별과 교육정도를 토대로 평화를 설명하기 위한 이원분산분석 모형을 적용할 경우 평화지수에 대한 여자의 평균은 3.639, 남자의 평균은 3.564로 추정되었다. 추정값을 중심으로 평화지수에 대한 95% 신뢰구간은 (3.595, 3.683)으로 나타났고, 남자의 경우 (3.512, 3.616)으로 나타났으며, 두 신뢰구간은 서로 겹치고 있다(여자의 하한이 남자의 상한보다 커서 구간이 겹치고 있다). 반면에 대응별 비교에서 남녀 차에 대한 95% 신뢰구간은 (−.136, −.014)로 나타났다. 이 구간에 남녀 간에 차이가 없었음을 나타내는 영(0)이 포함되어 있지 않기 때문에 이는 여자의 평화지수가 남자보다 높게 나타났다는 것을 의미한다. 이처럼 추정값을 활용한 남녀 간의 차이와 대응별 비교를 통한 남녀 간의 차이가 다르게 나타난 이유는 사용되는 공식이 다르기 때문이다. 분석에 사용된 자료의 질이 좋다면 이 둘의 결과는 같게 나타나야 하지만 이처럼 다르게 나타난 것은 남녀 간의 차이를 검증하기에는 자료의 질이 좋지 못하다는 것을 반증한다고 볼 수 있다.

사후검정

교육정도

다중비교

종속변수: 평화
Scheffe

(I) 교육정도	(J) 교육정도	평균차이(I-J)	표준오차	유의확률	95% 신뢰구간 하한	95% 신뢰구간 상한
1	2	.216*	.0531	.001	.067	.364
	3	.201*	.0481	.001	.067	.336
	4	.012	.0641	.998	-.167	.192
2	1	-.216*	.0531	.001	-.364	-.067
	3	-.014	.0371	.985	-.118	.089
	4	-.203*	.0564	.005	-.361	-.045
3	1	-.201*	.0481	.001	-.336	-.067
	2	.014	.0371	.985	-.089	.118
	4	-.189*	.0517	.004	-.333	-.044
4	1	-.012	.0641	.998	-.192	.167
	2	.203*	.0564	.005	.045	.361
	3	.189*	.0517	.004	.044	.333

관측평균을 기준으로 합니다.
오차항은 평균제곱(오차) = .447입니다.
*. 평균차이는 .05 수준에서 유의합니다.

동질적 부분집합

평화

Scheffe[a,b,c]

교육정도	N	부분집합	
		1	2
2	474	3.501	
3	1034	3.515	
4	200		3.704
1	238		3.717
유의확률		.995	.996

등질적 부분집합에 있는 집단에 대한 평균이 표
시됩니다.

관측평균을 기준으로 합니다.

오차항은 평균제곱(오차) = .447입니다.

a. 조화평균 표본크기 325.773을(를) 사용
합니다.

b. 집단 크기가 등일하지 않습니다. 집단
크기의 조화평균이 사용됩니다. I 유형
오차 수준은 보장되지 않습니다.

c. 유의수준 = .05.

사후검정을 통한 교육정도에 따른 집단비교의 결과는 앞의 대응별 비교 결과에 약간
다르다는 것을 알 수 있다. 이는 대응별 비교는 최소유의차 방법을 사용하고 있는 반면
에, 사후검정의 다중비교는 등분산을 가정할 경우의 Scheffe 방법으로 비교한 결과이
기 때문이다. 일반적으로 논문에서 연구자는 사후검정의 결과를 어느 방법으로 검정하
였는지를 제시하고 그 결과를 보고한다.

사후검정에 의한 결과에서도 교육정도의 수준에 따른 집단은 (교육정도1, 교육정도4)
와 (교육정도3, 교육정도2)의 두 집단으로 나눌 수 있다는 것을 확인할 수 있다. 이는 앞
에서의 교육정도의 수준에 따른 집단 비교를 위한 방법 중 추정값에 의한 비교 및 대응
별 비교를 통한 교육정도의 수준에 따른 집단 비교에서도 같은 결과가 나타나고 있는
것을 확인할 수 있다. 하지만 오차분산의 동일성에 대한 검정결과 성별과 교육정도에
따른 8개 집단의 오차분산이 동일하다는 귀무가설은 기각되었기 때문에 해석에 있어서
보다 신중을 기할 필요가 있다.

프로파일 도표

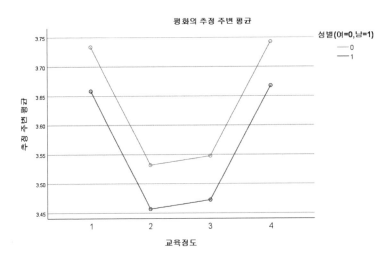

프로파일 도표는 교육정도의 수준에 다른 평균 평화지수를 성별로 나타내기 위한 것이다. 그림에서 확인할 수 있듯이 교육정도의 수준에 따라서 평화는 다르게 나타나고 있지만 그 변화 양상은 성별과 관계없이 동일한 패턴(평행선)을 나타내고 있는 것을 시각적으로 확인할 수 있다. 이는 앞의 결과에서 성별의 차이는 여성이 남성보다 평균이 높게 나타났지만 교육정도와 성별은 상호작용이 없는 것으로 나타난 것을 표현하고 있는 것이다.

4. 두 변수간의 상관관계

[연구문제 4] 건강한 자기관리와 행복은 어떠한 상관관계가 있는가?

[연구문제 해결을 위한 통계분석 설명]

연구자는 두 변수가 같은 방향으로 움직이는지(양의 관계) 아니면 다른 방향으로 움직이는지(음의 관계)에 관심을 가지고 있는 경우가 있다. 이러한 경우에는 상관분석을 토대로 두 변수 간의 선형적인 관계성을 파악한다. 두 변수 간의 선형적인 상관관계를 나타내는 통계량이 상관계수(correlation coefficient)이며 이 값의 범위는 −1과 +1 사이의 값을 갖는다. 상관계수가 양수인 경우에는 두 변수는 양의 관계에 있어서 같은 방향으로 움직인다는 것을 의미하고, 상관계수가 음수인 경우에는 두 변수는 음의 관계에 있어서 한 변수의 값이 증가할 경우 다른 변수의 값은 감소하다는 것을 의미한다.

[SPSS 명령]

1. 분석(A) → 상관분석(C) → 이변량 상관(B)을 클릭한다.
2. 다음 화면과 같이 설정하고 **확인**을 클릭한다.

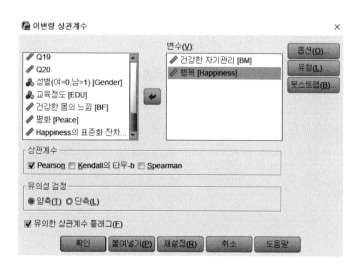

[SPSS 출력결과 및 해석]

상관관계

		건강한 자기관리	행복
건강한 자기관리	Pearson 상관	1	.519**
	유의확률 (양측)		.000
	N	1946	1946
행복	Pearson 상관	.519**	1
	유의확률 (양측)	.000	
	N	1946	1946

**. 상관관계가 0.01 수준에서 유의합니다(양측).

건강한 자기관리와 행복의 (표본)상관계수의 값은 .519이고 두 변수간의 모상관계수 (모집단 전체에서 구할 수 있는 상관계수로 일반적으로 연구자가 알고자하는 값)가 0이라는 귀무가설이 참이라는 가정에서 표본상관계수에 대한 유의확률은 .01보다 작은 값으로 나타났다. 따라서 유의수준 .05에서 두 변수는 선형적인 상관관계가 없다는 귀무가설은 기각되며, 표본상관계수의 값을 토대로 볼 때 이는 '건강한 자기관리'와 '행복'은 양의 상관관계가 있다는 것을 의미한다.

[연구문제 4-2] 건강한 몸의 느낌의 영향을 제거한 후 건강한 자기관리와 행복의 상관관계는 어떠한가?

[연구문제 해결을 위한 통계분석 설명]

[연구문제 4-1]은 두 변수 간의 선형적인 상관관계에 관심이 있다. 반면에 [연구문제 4-2]는 두 변수 간의 선형적인 상관관계에 관심이 있지만 두 변수와 밀접한 관계에 있을 수도 있는 제3변수가 두 변수에 미치는 영향을 제거한 후에 두 변수 간의 관계를 살펴보고자 하는 것이다. 이와 같은 경우의 상관분석을 편상관분석(partial correlation analysis)이라고 부른다.

[SPSS 명령]

1. 분석(A) → 상관분석(C) → 편상관(R)을 클릭한다.
2. 아래 화면과 같이 설정한 후 **확인**을 클릭한다.

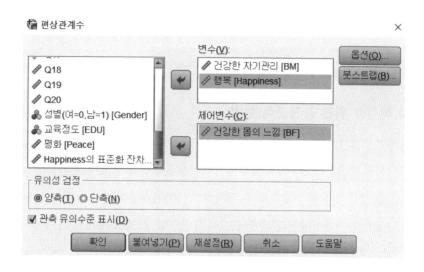

[SPSS 출력결과 및 해석]

상관관계

대조변수			건강한 자기관리	행복
건강한 몸의 느낌	건강한 자기관리	상관관계	1.000	.281
		유의확률(양측)	.	.000
		자유도	0	1943
	행복	상관관계	.281	1.000
		유의확률(양측)	.000	.
		자유도	1943	0

　'건강한 몸의 느낌'이 '건강한 자기관리'와 '행복'에 미치는 영향을 제거한 후 '건강한 자기관리'와 '행복'의 편상관계수를 구한 결과 그 값은 .281이며 모집단의 편상관계수가 0이라는 귀무가설에 대한 유의확률의 값은 .001보다 작게 나타났다. 이는 '건강한 몸의 느낌'의 영향을 제거하여도('건강한 몸의 느낌'을 상수로 고정한 후에도) '건강한 자기관리'와 '행복'은 강력한 양의 상관관계가 있다는 것을 의미한다.

5. 설명변수와 반응변수의 선형관계

[연구문제 5-1] 건강한 자기관리를 잘 할수록 행복이 어떻게 달라지는가?

[연구문제 해결을 위한 통계분석 설명]

[연구문제 5-1]은 두 변수 간의 구체적인 선형함수관계에 관심이 있다. 구체적인 선형함수관계란 독립변수(X)와 종속변수(Y)의 선형함수관계에 있어서 기울기와 절편의 값이 나타난 관계를 말한다. 이와 같은 경우에 적용되는 분석기법이 단순선형회귀분석(regression analysis)이다. 회귀분석에서는 독립변수의 값이 1단위 증가됨에 따라서 종속변수가 어느 정도 증가되는지를 파악하는 것이 주된 관심사항이기 때문에 일반적으로 기울기에 관심을 더 갖게 된다.

단순선형회귀모형에서는 종속변수를 독립변수에 대한 선형함수와 오차항의 합으로 표현하며 오차항에 대한 분포는 각 측정값이 서로 독립인 정규분포를 가정한다. 따라서 회귀분석을 적용하기 위해서는 오차항에 대한 독립성과 정규성 및 독립변수의 값에 관계없이 오차항의 분산이 동일하다는 것(이를 오차항의 등분산성이라고 부른다)을 검정하여야 한다.

오차항에 대한 독립성은 잔차에 대한 Durbin-Watson 검정을 통해서 가능하며, 정규성은 표준화된 잔차(또는 삭제된 표준화잔차)에 대한 정규성 검정을 통하여 가능하다. 오차항의 등분산성에 대한 검정은 독립변수와 잔차(residual)에 대한 산점도(scatter plot)를 통하여 시각적으로 확인할 수 있다.

[SPSS 명령] – 회귀분석: 오차항의 독립성 검정

1. **분석(A) → 회귀분석(R) → 선형(L)**을 클릭한다.
2. 아래 화면과 같이 설정한 후 **통계량(S)**을 클릭한다.

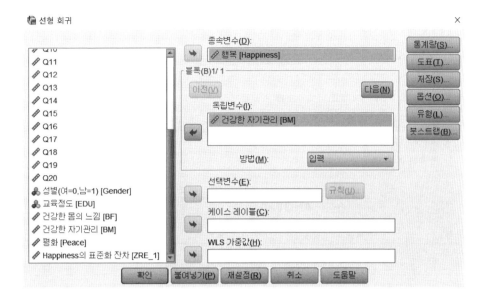

3. 아래 화면과 같이 설정한 후 **계속(C)**을 클릭하고 **확인**을 클릭한다.

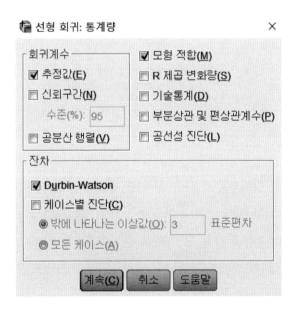

[SPSS 출력결과 및 해석] – 회귀분석: 오차항의 독립성 검정

모형 요약[b]

모형	R	R 제곱	수정된 R 제곱	추정값의 표준 오차	Durbin-Watson
1	.519[a]	.270	.269	.6497	1.798

a. 예측자: (상수), 건강한 자기관리

b. 종속변수: 행복

ANOVA[a]

모형		제곱합	자유도	평균제곱	F	유의확률
1	회귀	302.995	1	302.995	717.791	.000[b]
	잔차	820.604	1944	.422		
	전체	1123.600	1945			

a. 종속변수: 행복

b. 예측자: (상수), 건강한 자기관리

계수[a]

모형		비표준화 계수 B	비표준화 계수 표준화 오류	표준화 계수 베타	t	유의확률
1	(상수)	2.051	.058		35.587	.000
	건강한 자기관리	.502	.019	.519	26.792	.000

a. 종속변수: 행복

'건강한 자기관리'를 독립변수로 하고 '행복'을 종속변수로 하는 단순선형회귀분석 결과 기울기(B)는 .502이고 이에 대한 유의확률은 .000으로 나타났다. 이는

'건강한 자기관리'가 1점 증가할 경우 '행복'은 .502점 증가한다는 것을 의미한다. 표준화 계수인 베타(β) 값은 .519로 나타났다. 이는 '건강한 자기관리'가 1 표준편차 증가할 경우 '행복'은 .519 표준편차 증가한다는 것을 의미한다.

'건강한 자기관리'로 '행복'을 설명하는 단순선형 회귀모형의 설명력(R^2)은 .27로 나타났다. 이는 전체 '행복'의 변동 중 '건강한 자기관리' 변수로 27%를 설명하고 있다는 것을 의미한다. 일반적으로 좋은 회귀모형으로 간주되기 위해서는 40% 이상의 설명력이 요구되며, 60% 이상의 설명력을 나타낼 경우 매우 훌륭한 연구결과로 간주된다.

오차항의 독립성을 검정하기 위해서는 Durbin-Watson 통계량 값을 살펴보아야 한

다. 〈표 3-2〉는 표본의 크기가 100 이상일 경우 독립변수의 수에 따른 Durbin-Watson 통계량의 상한(d_U) 및 하한(d_L) 값이다. 상한(d_U)보다 크면 오차항은 서로 독립이라고 판단하고, 하한(d_L)보다 작으면 오차항은 서로 양의 상관관계에 있다고 판단하며, 하한과 상한 사이의 값일 경우 판단을 유보한다.

〈표 3-2〉 Durbin-Watson 통계량의 상한 및 하한

독립변수의 수	하한(d_L)	상한(d_U)
1	1.65	1.69
2	1.63	1.72
3	1.61	1.74
4	1.59	1.76
5	1.57	1.78

[연구문제 5-1]에 대한 Durbin-Watson 통계량 값은 1.798이기 때문에 상한인 1.69보다 크게 나타났다. 이는 오차항은 서로 독립이라고 판단할 수 있다는 것을 의미한다.

[SPSS 명령] – 오차항의 등분산성 검정

1. 분석(A) → 회귀분석(R) → 선형(L)을 클릭한다.
2. 도표(T)를 클릭한 후 아래 화면과 같이 설정한 후 계속(C)을 클릭한다.

[SPSS 출력결과 및 해석] – 오차항의 등분산성 검정

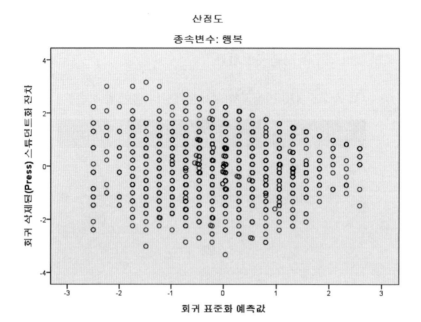

오차항의 등분산성을 입증하기 위해서는 SPSS 산점도에서 '회귀 표준화 예측값'의 변화에 관계없이 '잔차'의 분산이 동일한 모습을 보여야 한다. 위의 산점도를 살펴보면 독립변수인 표준화된 '건강한 자기관리'를 설명변수로 하여 예측된 표준화된 '행복'의 값이 증가할수록 잔차(여기서는 삭제된 스튜던트화 잔차)의 분산(퍼져있는 정도)이 감소되는 형태를 보이고 있는 것으로 판단된다. 이는 '건강한 자기관리'를 잘하는 집단일수록 '행복'의 개인적인 차이는 감소되고 있다는 것을 내포하고 있다. 이에 대한 분석은 '행복'의 분산이 '건강한 자기관리'의 값과 반비례하도록 설정한 가중최소제곱(weighted least squares) 방법을 사용하는데 연구초보자에게는 다소 어렵기 때문에 여기에서는 살펴보지 않기로 한다.

[SPSS 명령] – 오차항의 정규성 검정

1. 분석(A) → 회귀분석(R) → 선형(L)을 클릭한다.
2. 저장(S)을 클릭한 후 아래 화면과 같이 설정한 후 계속(C)을 클릭한다.

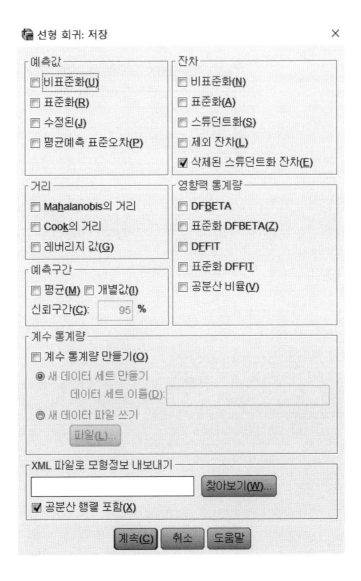

3. **확인**을 클릭한다.

4. **분석**(A) → **기술통계량**(E) → **데이터 탐색**(E)을 클릭한다.

5. 아래 화면과 같이 설정한 후 **도표**(T)를 클릭한다.

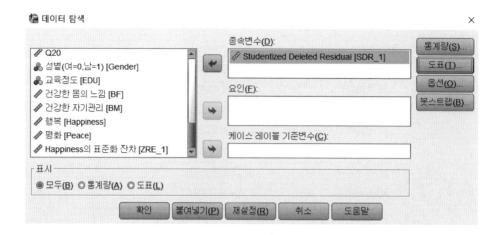

6. 아래 화면과 같이 설정한 후 **계속(C)**을 클릭한다.

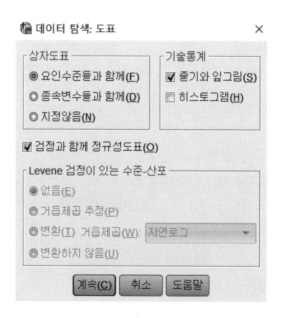

[SPSS 출력결과 및 해석] – 오차항의 정규성 검정

정규성 검정

	Kolmogorov-Smirnov[a]			Shapiro-Wilk		
	통계량	자유도	유의확률	통계량	자유도	유의확률
Studentized Deleted Residual	.065	1946	.000	.995	1946	.000

a. Lilliefors 유의확률 수정

잔차(여기서는 삭제된 스튜던트화 잔차(Studentized Deleted Residual))에 대한 정규성 검정 결과 유의확률이 .000으로 유의수준 .05보다 매우 작다. 이는 잔차가 정규분포를 따른다는 귀무가설을 채택할 수가 없다는 것을 의미한다. 오차항에 대한 등분산성과 정규성을 가정할 수가 없기 때문에 '연구문제 5-1'을 검정하기 위하여 단순선형 회귀분석을 적용하는 것은 문제가 있을 수 있다. 이에 대한 대안은 일반적으로 종속변수에 대한 변수변환을 사용하는 방법과 비모수적인 통계방법을 사용하는 방법이 있지만 이에 대한 자세한 내용을 여기에서는 다루지 않기로 한다.

[연구문제 5-2] 건강한 자기관리와 건강한 몸의 느낌이 변화함에 따라 행복 은 어떻게 변화하는가?

[연구문제 해결을 위한 통계분석 설명]

[연구문제 5-2]는 두 개 이상의 독립변수로 종속변수를 설명하기 위한 방법으로 다중회귀분석(multiple regression analysis)을 통하여 해결 할 수 있다. 단순선형 회귀분석과 마찬가지로 다중회귀분석에서도 독립변수의 값이 1단위 증가됨에 따라서 종속변수가 어느 정도 증가되는지를 파악하는 것이 주된 관심사항이기 때문에 일반적으로 기울기에 관심을 더 갖게 된다.

다중회귀모형에서는 종속변수를 독립변수들에 대한 선형함수와 오차항의 합으로 표현하며 오차항에 대한 분포는 각 측정값이 서로 독립인 정규분포를 가정한다. 따라서 다중회귀분석을 적용하기 위해서는 오차항에 대한 독립성과 정규성 및 독립변수의 값에 관계없이 오차항의 분산이 동일하다는 것(이를 오차항의 등분산성이라고 부른다)을 검정하여야 한다.

오차항에 대한 독립성은 잔차에 대한 Durbin-Watson 검정을 통해서 가능하며, 정규성은 표준화된 잔차(또는 삭제된 표준화잔차)에 대한 정규성 검정을 통하여 가능하다. 오차항의 등분산성에 대한 검정은 독립변수와 잔차(residual)에 대한 산점도(scatter plot)을 통하여 시각적으로 확인할 수 있다.

다중회귀분석에서는 두 개 이상의 독립변수가 주어졌다는 가정에서 종속변수에 대한 분포를 가정하고 있다. 이는 독립변수들은 서로 독립적이어야 한다는 것을 의미한다. 어느 독립변수가 다른 독립변수들의 선형함수로 표현될 수 있을 경우 그 변수는 다른 변수와 독립적이지 못하다고 하며 이를 판단하는 값이 공선성 통계량인 VIF(variance inflation factor)이다. 일반적으로 VIF 값이 10 이상일 경우 해당변수는 다른 독립변수들과 독립적이지 않다고 판단한다.

[SPSS 명령]

1. 분석(A) → 회귀분석(R) → 선형(L)을 클릭한다.

2. 아래 화면과 같이 설정하고 **통계량(S)**을 클릭한다.

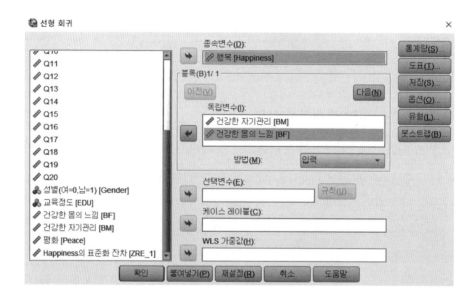

3. 아래 화면처럼 설정하고 **계속(C)** → **확인**을 클릭한다.

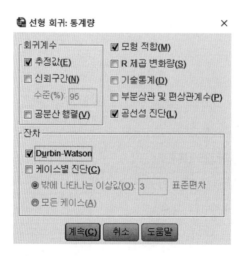

[SPSS 출력결과 및 해석]

모형 요약[b]

모형	R	R 제곱	수정된 R 제곱	추정값의 표준 오차	Durbin-Watson
1	.579[a]	.335	.334	.6201	1.834

a. 예측자: (상수), 건강한 몸의 느낌, 건강한 자기관리

b. 종속변수: 행복

ANOVA[a]

모형		제곱합	자유도	평균제곱	F	유의확률
1	회귀	376.500	2	188.250	489.587	.000[b]
	잔차	747.099	1943	.385		
	전체	1123.600	1945			

a. 종속변수: 행복

b. 예측자: (상수), 건강한 몸의 느낌, 건강한 자기관리

계수[a]

모형		비표준화 계수		표준화 계수			공선성 통계량	
		B	표준화 오류	베타	t	유의확률	공차	VIF
1	(상수)	1.610	.064		25.324	.000		
	건강한 자기관리	.299	.023	.309	12.887	.000	.596	1.677
	건강한 몸의 느낌	.331	.024	.331	13.826	.000	.596	1.677

a. 종속변수: 행복

　종속변수인 '행복'을 설명하기 위한 '건강한 자기관리'와 '건강한 몸의 느낌' 변수의 회귀계수에 대한 유의성을 살펴보면 유의확률이 모두 .001보다 작다는 것을 알 수 있다. 이는 두 변수 모두 의미가 있는 독립변수라는 것을 의미한다.

　아울러 '건강한 몸의 느낌'과 '건강한 자기관리' 모두 공선성 통계량인 VIF 값이 1.677로 10보다 작다. 이는 두 변수는 서로 독립적이라고 판단할 수 있다는 것을 의미한다. 또한 오차항의 독립성을 나타내는 Durbin-Watson 통계량이 1.834로 독립변수의 수가 2인 경우인 상한(d_U)인 1.72보다 크다. 따라서 오차항의 독립성을 가정할 수 있다는 것도 확인할 수 있다.

[연구문제 5-3] **변수선택기법.** 종속변수 평화를 건강한 자기 관리, 건강한 몸의 느낌, 행복을 설명변수로 하여 설명하고자 한다. 적절한 설명변수는 무엇인가?

[연구문제 해결을 위한 통계분석 설명]

[연구문제 5-3]은 여러 개의 독립변수(설명변수) 중에서 종속변수를 설명하기 위한 적절한 변수를 선택하기 위한 방법으로 다중회귀분석 기법 중 변수선택기법(variable se-lection method)이라고 부른다. 여러 개의 설명변수 중에서 종속변수를 설명하는데 필요한 변수를 선택하기 위한 방법은 여러 가지가 있지만 일반적으로 단계적 선택(stepwise selection) 방법을 권장한다.

[SPSS 명령]

1. **분석(A) → 회귀분석(R) → 선형(L)**을 클릭한다.
2. 아래 화면과 같이 설정하고 **방법(M):** 상자에서 '**단계 선택**'을 선택한다.

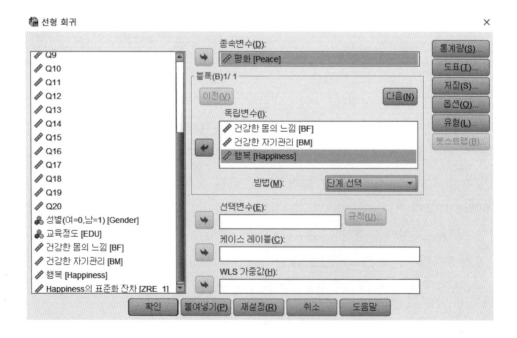

3. **확인**을 클릭한다.

[SPSS 출력결과 및 해석]

모형 요약

모형	R	R 제곱	수정된 R 제곱	추정값의 표준 오차
1	.556ª	.309	.309	.5605
2	.562ᵇ	.316	.315	.5579

a. 예측자: (상수), 행복
b. 예측자: (상수), 행복, 건강한 자기관리

ANOVAª

모형		제곱합	자유도	평균제곱	F	유의확률
1	회귀	273.441	1	273.441	870.434	.000ᵇ
	잔차	610.694	1944	.314		
	전체	884.134	1945			
2	회귀	279.270	2	139.635	448.549	.000ᶜ
	잔차	604.864	1943	.311		
	전체	884.134	1945			

a. 종속변수: 평화
b. 예측자: (상수), 행복
c. 예측자: (상수), 행복, 건강한 자기관리

계수ª

모형		비표준화 계수 B	표준화 오류	표준화 계수 베타	t	유의확률
1	(상수)	1.808	.061		29.828	.000
	행복	.493	.017	.556	29.503	.000
2	(상수)	1.720	.064		27.050	.000
	행복	.450	.019	.507	23.081	.000
	건강한 자기관리	.082	.019	.095	4.327	.000

a. 종속변수: 평화

    종속변수인 '평화'를 설명하기 위한 적절한 변수는 '행복'과 '건강한 자기관리'로 회귀계수에 대한 유의확률이 .001보다 모두 작게 나타났으며, 두 변수 중 '행복'이 '건강한 자기관리'보다 '평화'를 설명하기 위한 다중회귀모형에서 먼저 선택되었다. 이는 '평화'를 설명하는데 '행복'이 '건강한 자기관리'보다 더 중요한 변수라는 것을 알 수 있다. 아울러, '행복'만으로 '평화'를 설명할 경우의 설명력은 30.9%이며, '건강한 자기관리'가 추가될 경우의 설명력은 31.6%로 나타났다. 이는 '평화'의 변동 중 '행복'이 30.9%를 설명하고, '건강한 자기관리'가 추가적으로 0.7%를 설명하고 있다는 것을 의미한다.

6. 집단에 따른 설명변수와 반응변수의 관계

[연구문제 6-1] 건강한 자기관리와 행복의 관계가 성별에 따라서 달라지는가?

[연구문제 해결을 위한 통계분석 설명]

[연구문제 6-1]은 독립변수와 종속변수의 선형함수관계가 집단변수에 따라서 다른지 같은지를 검증하기 위한 경우이다. 집단수준에 따라서 독립변수와 종속변수의 관계에 다를 경우 집단변수는 독립변수와 종속변수의 관계에 있어서 조절변수 역할을 한다고 한다. 집단변수가 조절변수 역할을 하는지 여부를 검증하기 위해서는 우선 집단변수와 독립변수의 상호작용(interaction)을 나타내는 항을 독립변수의 범주에 넣고 그 항에 대한 유의성을 파악하여야 한다. 상호작용이 통계적으로 유의하면 독립변수와 종속변수의 관계에 있어서 집단수준이 변함에 따라서 절편 및 기울기가 모두 다른 조절효과 모형의 결과를 얻게 되며, 상호작용이 유의하지 않을 경우 상호작용을 제외한 집단변수와 독립변수만이 있는 회귀모형을 분석하여야 한다.

[SPSS 명령] - 집단변수가 있는 회귀분석 1

1. 분석(A) → 일반선형모형(G) → 일변량(U)을 클릭한다.
2. 아래 화면과 같이 설정하고 **모형(M)**을 클릭한다.

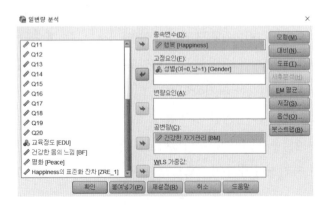

3. 아래 화면과 같이 설정한다.

('BM*Gender' 항을 만들기 위해서는 **'요인 및 공변량(F)'** 상자 안에서 'Gender'를 선택한 후 'Ctrl' 키를 누른 상태에서 'BM'을 선택하고 ➡ 버튼을 누른다)

4. 계속(C) → 확인을 클릭한다.

[SPSS 출력결과 및 해석]

개체-간 효과 검정

종속변수: 행복

소스	제 III 유형 제곱합	자유도	평균제곱	F	유의확률
수정된 모형	306.757ª	3	102.252	243.100	.000
절편	502.390	1	502.390	1194.406	.000
BM	304.026	1	304.026	722.806	.000
Gender	2.210	1	2.210	5.254	.022
Gender*BM	1.251	1	1.251	2.975	.085
오차	816.842	1942	.421		
전체	25562.083	1946			
수정된 합계	1123.600	1945			

a. R 제곱 = .273 (수정된 R 제곱 = .272)

'건강한 자기관리'와 '행복'의 관계가 '성별'에 따라서 다를 경우 '성별'은 조절변수 역할을 한다고 한다. '성별'이 조절변수 역할을 하는지를 검증하기 위하여 '성별'과 '건강한 자기관리'의 상호작용(interaction)의 유의성을 살펴보면 유의확률이 .085로 유의수준 .05보다 크다. 이는 상호작용 효과가 없다는 것을 의미한다. 따라서 상호작용이 없는 회귀모형을 분석하여야 한다.

[SPSS 명령] – 집단변수가 있는 회귀분석 2

1. 분석(A) → 일반선형모형(G) → 일변량(U)을 클릭한다.
2. 재설정(R)을 클릭한 후 아래 화면과 같이 설정하고 **모형(M)**을 클릭한다.

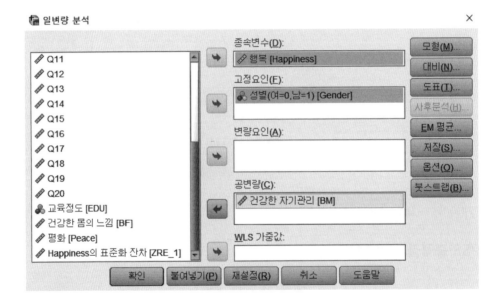

3. 다음 화면과 같이 설정하고 **계속(C)**을 클릭한다.

4. EM 평균을 클릭한 후 아래 화면과 같이 설정한다.

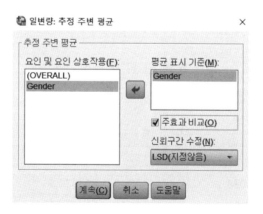

5. 계속(C)을 클릭한다.

6. 옵션(O)을 클릭한 후 다음 화면과 같이 설정한다.

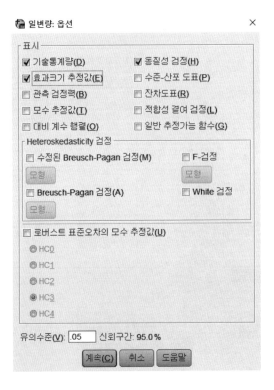

7. 계속(C) → 확인을 클릭한다.

[SPSS 출력결과 및 해석]

개체-간 효과 검정

종속변수: 행복

소스	제 III 유형 제곱합	자유도	평균제곱	F	유의확률	부분 에타 제곱
수정된 모형	305.506ᵃ	2	152.753	362.793	.000	.272
절편	523.038	1	523.038	1242.233	.000	.390
BM	304.994	1	304.994	724.372	.000	.272
Gender	2.511	1	2.511	5.963	.015	.003
오차	818.094	1943	.421			
전체	25562.083	1946				
수정된 합계	1123.600	1945				

a. R 제곱 = .272 (수정된 R 제곱 = .271)

'건강한 자기관리(BM)'와 '성별(Gender)' 모두 '행복'에 대한 유의확률을 살펴보면 각각 .000과 .015로 모두 유의수준 .05보다 작다. 이는 '건강한 자기관리'와 '성별' 모두 '행복'을 설명하는 유의한 변수라는 것을 의미한다.

추정 주변 평균

성별(여=0,남=1)

추정값

종속변수: 행복

성별(여=0,남=1)	평균	표준오차	95% 신뢰구간 하한	95% 신뢰구간 상한
0	3.574[a]	.019	3.536	3.611
1	3.501[a]	.023	3.456	3.546

a. 모형에 나타나는 공변량은 다음 값에 대해 계산됩니다.: 건강한 자기관리 = 2.972.

대응별 비교

종속변수: 행복

(I) 성별(여=0,남=1)	(J) 성별(여=0,남=1)	평균차이(I-J)	표준오차	유의확률[b]	차이에 대한 95% 신뢰구간[b] 하한	차이에 대한 95% 신뢰구간[b] 상한
0	1	.073*	.030	.015	.014	.132
1	0	-.073*	.030	.015	-.132	-.014

추정 주변 평균을 기준으로

*. 평균차이는 .05 수준에서 유의합니다.

b. 다중비교를 위한 수정: 최소유의차 (수정하지 않은 상태와 동일합니다.)

'성별'에 따른 종속변수(행복)의 평균을 비교하기 위해서는 '추정된 주변평균'을 비교하여야 한다. 이는 독립변수인 '건강한 자기관리'가 종속변수인 '행복'에 미치는 효과를 제거한 후 순수한 남녀 집단의 비교를 위하여 산출된 종속변수의 평균값이다. 이 '추정된 주변평균'은 단순한 남녀 두 집단의 행복에 대한 평균값과는 다르다.

여자집단과 남자집단의 추정된 주변평균의 값은 각각 3.574와 3.5014로 나타났으며 이 두 집단의 평균 차에 대한 검정결과 유의확률이 .015로 유의수준 .05보다 작다는 것을 알 수 있다. 이는 여자 집단이 남자 집단보다 행복수준이 높다는 것을 의미한다.

[연구문제 3-3]과 같이 논문작성을 위한 분산분석표(ANOVA table) 형태를 구하기 위해서는 제1유형 제곱합(Type I Sum of Squares)의 형태로 분석된 결과를 보고하여야 한

다. 이를 위한 방법은 다음과 같다.

[SPSS 명령] – 분산분석표 작성을 위한 방법

1. 분석(A) → 일반선형모형(G) → 일변량(U)을 클릭한다.

2. 아래 화면과 같이 설정한다.

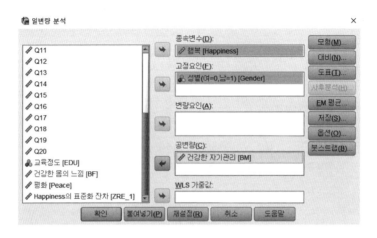

3. 모형(M)을 클릭한 후 다음과 같이 설정한다.

4. 계속(C) → 확인을 클릭한다.

[SPSS 출력결과 및 해석]

개체-간 효과 검정

종속변수: 행복

소스	제 I 유형 제곱합	자유도	평균제곱	F	유의확률	부분 에타 제곱
수정된 모형	305.506[a]	2	152.753	362.793	.000	.272
절편	24438.483	1	24438.483	58042.204	.000	.968
BM	302.995	1	302.995	719.624	.000	.270
Gender	2.511	1	2.511	5.963	.015	.003
오차	818.094	1943	.421			
전체	25562.083	1946				
수정된 합계	1123.600	1945				

a. R 제곱 = .272 (수정된 R 제곱 = .271)

'행복'에 대한 전체변동 1123.6 중 '건강한 자기관리'에 의해서 설명되는 것이 302.99로 나타났고, '성별'에 의해서 추가적으로 설명되는 부분이 2.511로 나타났으며. 오차변동이 818.094로 나타났다. 아울러 이 모형의 설명력은 27.2%로 나타났다. 연구자가 '행복'을 설명하기 위하여 '성별'을 먼저 고려하고 '건강한 자기관리'를 다음 단계에 고려할 경우에는 모형에서 변수의 순서를 그에 맞게 조정하면 된다. 이에 대한 선택은 관련된 분야의 연구결과 및 연구자의 연구목적에 따라서 다를 것이다. '성별', '건강한 자기관리'의 순으로 변수를 투입할 경우의 출력결과는 다음과 같다.

개체-간 효과 검정

종속변수: 행복

소스	제 I 유형 제곱합	자유도	평균제곱	F	유의확률	부분 에타 제곱
수정된 모형	305.506[a]	2	152.753	362.793	.000	.272
절편	24438.483	1	24438.483	58042.204	.000	.968
Gender	.512	1	.512	1.215	.270	.001
BM	304.994	1	304.994	724.372	.000	.272
오차	818.094	1943	.421			
전체	25562.083	1946				
수정된 합계	1123.600	1945				

a. R 제곱 = .272 (수정된 R 제곱 = .271)

'행복'에 대한 전체변동 1123.6 중 '성별'에 의해서 설명되는 것이 .512로 나타났고, '건강한 자기관리(BM)'에 의해서 추가적으로 설명되는 부분이 304.994로 나타났으며. 오차 변동이 818.094로 나타났다. 아울러 모형의 설명력은 앞 모형과 동일하게 27.2%로 나타났다. 하지만 '성별'에 대한 유의확률은 .27으로 유의수준 .05보다 크게 나타나서 유의하지 않은 것으로 나타났다. 따라서 앞에서 고려한 '건강한 자기관리', '성별'의 순으로 '행복'을 설명한 모형이 실증적으로 적절하다는 것을 알 수 있다. 이와 같이 종속변수와 밀접한 독립변수(이를 일반적으로 공변인(covariate)이라고 부른다)의 영향을 제거한 후 집단을 비교하는 방법을 공분산분석(analysis of covariance)이라고 부른다.

[연구문제 6-2] 건강한 자기관리 및 행복과 평화의 관계가 성별에 따라서 달라지는가?

[SPSS 명령] – 상호작용이 없는 모형

1. 분석(A) → 일반선형모형(G) → 일변량(U)을 클릭한다.
2. 재설정(R)을 클릭한 후 아래 화면과 같이 설정한다.

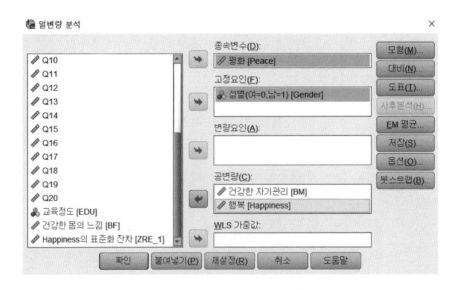

3. 확인을 클릭한다.

[SPSS 출력결과 및 해석]

개체-간 효과 검정

종속변수: 평화

소스	제 III 유형 제 곱합	자유도	평균제곱	F	유의확률
수정된 모형	281.975[a]	3	93.992	303.129	.000
절편	225.513	1	225.513	727.294	.000
BM	6.378	1	6.378	20.571	.000
Happiness	163.000	1	163.000	525.685	.000
Gender	2.705	1	2.705	8.723	.003
오차	602.159	1942	.310		
전체	25488.994	1946			
수정된 합계	884.134	1945			

a. R 제곱 = .319 (수정된 R 제곱 = .318)

'건강한 자기관리(BM)', '행복(Happiness)', '성별(Gender)' 변수에 대한 유의확률이 모두 .01 미만으로 통계적으로 매우 유의하게 나타났다. 따라서 설명변수와 집단을 나타내는 성별의 상호작용이 있는지 여부를 판단할 수 있는 모형을 분석을 할 필요가 있다.

[SPSS 명령] – 상호작용이 있는 모형 1

1. 분석(A) → 일반선형모형(G) → 일변량(U)을 클릭한다.
2. 모형(M)을 클릭한 후 아래 화면과 같이 설정한다.

('BM'과 'Gender'의 상호작용항을 만들기 위해서는 'BM'을 선택한 후에 키보드의 'Ctrl' 키를 누른 상태에서 마우스로 'Gender'를 클릭한 후에 상호작용 ▼ 이 선택되어 있는 것을 확인하고 ➡를 클릭 하면 된다)

3. **계속(C)**을 클릭한 후 **확인**을 클릭한다.

[SPSS 출력결과 및 해석] – 상호작용이 있는 모형 1

개체-간 효과 검정

종속변수: 평화

소스	제 III 유형 제곱합	자유도	평균제곱	F	유의확률
수정된 모형	289.371ᵃ	5	57.874	188.774	.000
절편	210.539	1	210.539	686.737	.000
BM	7.089	1	7.089	23.123	.000
Happiness	158.115	1	158.115	515.741	.000
Gender	8.375	1	8.375	27.318	.000
Gender * BM	2.312	1	2.312	7.541	.006
Gender * Happiness	1.183	1	1.183	3.860	.050
오차	594.763	1940	.307		
전체	25488.994	1946			
수정된 합계	884.134	1945			

a. R 제곱 = .327 (수정된 R 제곱 = .326)

'성별(Gender)'과 '행복(Happiness)'의 상호작용에 대한 유의확률이 .05로 유의수준 .05와 같다. 이 모형을 최종모형으로 간주할 수 있지만 여기서는 설명을 위하여 이 상호작용항을 제거한 모형을 분석하고자 한다.

[SPSS 명령] – 상호작용이 있는 모형 2

1. **분석(A)** → **일반선형모형(G)** → **일변량(U)**을 클릭한다.
2. **모형(M)**을 클릭한다.
3. 'Happiness'와 'Gender'의 상호작용항(Gender*Happiness)을 클릭하여 '**요인 및 공변량(F)**' 상자로 보낸다.

4. 계속(C)을 클릭한 후 확인을 클릭한다.

[SPSS 출력결과 및 해석] – 상호작용이 있는 모형 2

개체-간 효과 검정

종속변수: 평화

소스	제 III 유형 제 곱합	자유도	평균제곱	F	유의확률
수정된 모형	288.188[a]	4	72.047	234.657	.000
절편	216.017	1	216.017	703.566	.000
BM	8.208	1	8.208	26.732	.000
Happiness	160.273	1	160.273	522.009	.000
Gender	8.010	1	8.010	26.089	.000
Gender * BM	6.213	1	6.213	20.234	.000
오차	595.947	1941	.307		
전체	25488.994	1946			
수정된 합계	884.134	1945			

a. R 제곱 = .326 (수정된 R 제곱 = .325)

'평화'를 설명하기 위하여 '건강한 자기관리(BM)', '행복(Happiness)', '성별(Gender)', 성별과 건강한 자기관리의 상호작용(Gender*BM)에 해당되는 유의확률은 모두 .001보다 작게 나타났다. 앞에서 언급하였듯이 분산분석표를 보고하기 위해서는 제1유형 제곱합(Type I Sum of Squares)을 사용하여야 하며 그 방법은 다음과 같다.

[SPSS 명령] – 상호작용이 있는 모형: 제1유형 제곱합

1. 분석(A) → 일반선형모형(G) → 일변량(U)을 클릭한다.
2. 모형(M)을 클릭한 후 다음 화면과 같이 설정한다.

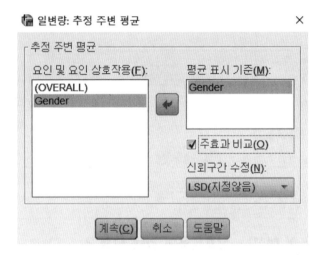

3. 계속(C)을 클릭한 후 EM 평균을 클릭하고 다음 화면과 같이 설정한다.

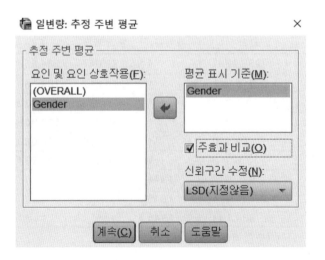

4. 계속(C)을 클릭한 후 **옵션**(O)을 클릭하고 다음 화면과 같이 설정한다.

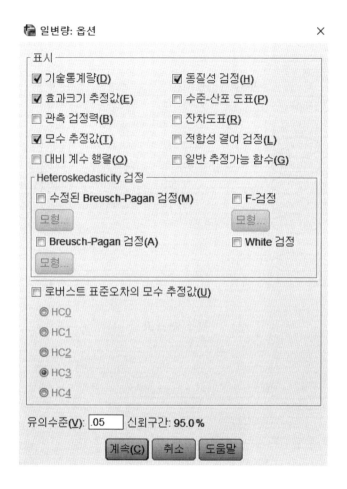

5. 계속(C)을 클릭한 후 **확인**을 클릭한다.

[SPSS 출력결과 및 해석] – 상호작용이 있는 모형: 제1유형 제곱합

개체-간 효과 검정

종속변수: 평화

소스	제1유형 제곱합	자유도	평균제곱	F	유의확률	부분 에타 제곱
수정된 모형	288.188ᵃ	4	72.047	234.657	.000	.326
절편	24604.859	1	24604.859	80138.104	.000	.976
BM	113.432	1	113.432	369.447	.000	.160
Happiness	165.839	1	165.839	540.137	.000	.218
Gender	2.705	1	2.705	8.810	.003	.005
Gender * BM	6.213	1	6.213	20.234	.000	.010
오차	595.947	1941	.307			
전체	25488.994	1946				
수정된 합계	884.134	1945				

a. R 제곱 = .326 (수정된 R 제곱 = .325)

모수 추정값

종속변수: 평화

모수	B	표준오차	t	유의확률	95% 신뢰구간 하한	95% 신뢰구간 상한	부분 에타 제곱
절편	1.429	.085	16.832	.000	1.263	1.596	.127
BM	.171	.027	6.403	.000	.119	.223	.021
Happiness	.443	.019	22.848	.000	.405	.481	.212
[Gender=0]	.511	.100	5.108	.000	.315	.708	.013
[Gender=1]	0ᵃ	.	.	.	.	.	.
[Gender=0] * BM	-.146	.032	-4.498	.000	-.209	-.082	.010
[Gender=1] * BM	0ᵃ	.	.	.	.	.	.

a. 현재 모수는 중복되므로 0으로 설정됩니다.

　'평화'를 설명하기 위하여 '건강한 자기관리(BM)', '행복(Happiness)', '성별(Gender)', 성별과 건강한 자기관리의 상호작용(Gender*Happiness)에 해당되는 유의확률은 모두 .001보다 작게 나타났다. '평화'에 대한 전체변동을 나타내는 '수정 합계'는 884.134인 것을 확인할 수 있다. 전체변동 중 '건강한 자기관리(BM)'에 의해서 설명되는 부분이 113.432이고, '행복(Happiness)'에 의해서 설명되는 부분이 165.839이며, '성별(Gender)'에 의해서 설명되는 부분이 2.705이고, 성별과 건강한 자기관리의 상호작용(Gender*Happiness)에 의해서 추가적으로 설명되는 부분이 6.213이고, 모형으로 설명되지 않는 부분이 595.947이라는 것을 의미한다. 아울러 모형의 설명력은 32.6%인 것을 확인할 수 있다.

추정 주변 평균

성별(여=0,남=1)

추정값

종속변수: 평화

성별(여=0,남=1)	평균	표준오차	95% 신뢰구간	
			하한	상한
0	3.585[a]	.016	3.553	3.617
1	3.507[a]	.020	3.468	3.546

a. 모형에 나타나는 공변량은 다음 값에 대해 계산됩니다.: 건강한 자기관리 = 2.972, 행복 = 3.544.

대응별 비교

종속변수: 평화

(I) 성별(여=0,남=1)	(J) 성별(여=0,남=1)	평균차이(I-J)	표준오차	유의확률[b]	차이에 대한 95% 신뢰구간[b]	
					하한	상한
0	1	.078*	.026	.002	.028	.128
1	0	-.078*	.026	.002	-.128	-.028

추정 주변 평균을 기준으로

*. 평균차이는 .05 수준에서 유의합니다.

b. 다중비교를 위한 수정:최소유의차 (수정하지 않은 상태와 등일합니다.)

'평화'를 설명하기 위하여 '건강한 자기관리(BM)', '행복(Happiness)', '성별(Gender)', '성별과 건강한 자기관리의 상호작용(Gender*BM)'을 포함하고 있는 모형을 토대로 남녀별 '평화'의 추정된 주변평균을 살펴보면 여자의 경우 3.585, 남자의 경우 3.507로 나타났으며, 모집단을 대상으로 한 남녀평균의 95% 신뢰구간은 각각 (3.553, 3.617), (3.468, 3.546)으로 나타났다. 또한 남녀 성별의 차에 대한 가설검정 결과와 신뢰구간을 살펴보면 유의확률이 .002로 유의수준 .05보다 작게 나타났다. 이는 건강한 자기관리와 행복이 평화에 미치는 영향을 제거한 후 순수한 성별의 차이는 통계적으로 유의미하며 여자가 남자보다 평화지수가 높다는 것을 의미한다.

[연구문제 6-3] 연구자는 평화에 영향을 미치는 요인이 성별이고, 그 다음에 건강한 몸의 느낌과 건강한 자기관리가 영향을 미치고, 마지막 단계에서 행복이 영향을 미친다고 생각하고 있다. 이러한 연구자의 생각은 근거가 있는가?

[연구문제 해결을 위한 통계분석 설명]

[연구문제 6-3]은 연구자가 설정한 종속변수(여기서는 평화)와 관련된 연구를 통하여 종속변수가 성별, 학력, 소득수준 등과 같이 연구대상의 유전적 요인, 환경적 요인을 나타내는 인구통계적 변인(Socio-demographic variable)을 이용하여 종속변수를 설명한 후 (이를 인구통계적 변인의 효과를 고정시킨다고도 표현한다) 다른 종류의 설명변수가 단계적으로 모형에 투입될 경우에 나타나는 현상을 살펴봄으로써 종속변수에 미치는 설명변수의 영향을 살펴보기 위한 문제이며, 이를 위한 분석방법이 위계적 회귀분석(Hierarchical Regression)이다. 인구통계적 변인은 SES(socio-economic status) 변수라고도 불린다.

[SPSS 명령] – 위계적 회귀분석(Hierarchical Regression) 1

1. **분석**(A) → **회귀분석**(R) → **선형**(L)을 클릭한다.
2. **재설정**(R)을 클릭한 후 아래 화면과 같이 설정하고 **다음**(N)을 클릭한다.

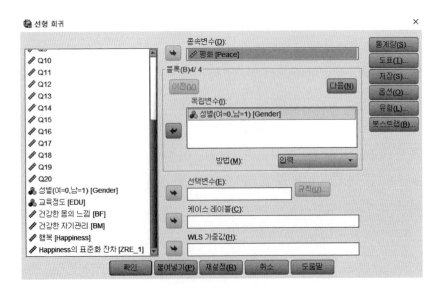

3. 아래 화면과 같이 설정하고 **다음(N)**을 클릭한다.

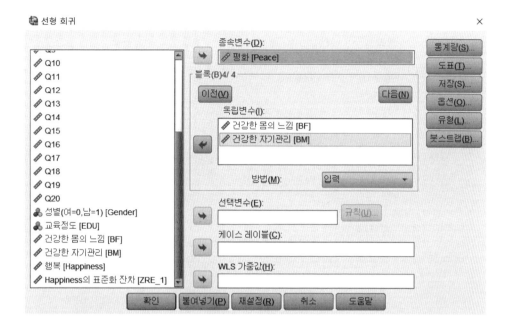

4. 아래 화면과 같이 설정한 후 **확인**을 클릭한다.

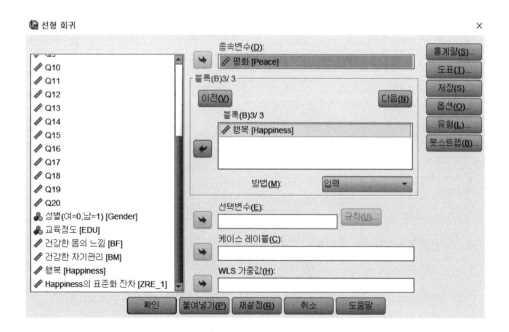

[SPSS 출력결과 및 해석] - 위계적 회귀분석 1

ANOVA[a]

모형		제곱합	자유도	평균제곱	F	유의확률
1	회귀	3.316	1	3.316	7.317	.007[b]
	잔차	880.819	1944	.453		
	전체	884.134	1945			
2	회귀	142.880	3	47.627	124.776	.000[c]
	잔차	741.255	1942	.382		
	전체	884.134	1945			
3	회귀	283.103	4	70.776	228.566	.000[d]
	잔차	601.031	1941	.310		
	전체	884.134	1945			

a. 종속변수: 평화
b. 예측자: (상수), 성별(여=0,남=1)
c. 예측자: (상수), 성별(여=0,남=1), 건강한 자기관리, 건강한 몸의 느낌
d. 예측자: (상수), 성별(여=0,남=1), 건강한 자기관리, 건강한 몸의 느낌, 행복

계수[a]

모형		비표준화 계수		표준화 계수	t	유의확률
		B	표준화 오류	베타		
1	(상수)	3.590	.020		180.563	.000
	성별(여=0,남=1)	-.084	.031	-.061	-2.705	.007
2	(상수)	2.430	.064		38.111	.000
	성별(여=0,남=1)	-.122	.029	-.089	-4.288	.000
	건강한 몸의 느낌	.189	.024	.213	7.914	.000
	건강한 자기관리	.195	.023	.227	8.437	.000
3	(상수)	1.719	.066		25.887	.000
	성별(여=0,남=1)	-.080	.026	-.058	-3.101	.002
	건강한 몸의 느낌	.043	.023	.049	1.908	.056
	건강한 자기관리	.065	.022	.076	3.001	.003
	행복	.435	.020	.490	21.280	.000

a. 종속변수: 평화

종속변수 '평화'를 설명하기 위한 1단계 모형은 '성별'을 이용한 모형이다. 이는 본질적으로 독립표본 t-검정의 결과와 같다. 하지만 여기서는 이를 선형모형의 형태로 나타낸 것으로 분산분석모형과 같다고 보면 된다. '성별'의 유의성을 나타내는 유의확률을 보면 .007로 유의수준 .05보다 작게 나타났기 때문에 '성별'은 '평화'를 설명하기 위한 변수로서 적절하다는 것을 의미한다. 이는 '성별'에 따라서 '평화'의 차이가 있다는 것을 나타낸다.

종속변수 '평화'를 설명하기 위한 2단계 모형은 '성별'을 이용한 1단계 모형에 '건강한 몸의 느낌'과 '건강한 자기관리' 변수를 추가적으로 투입한 모형이다. 분석 결과 '성별', '건강한 몸의 느낌', '건강한 자기관리'의 유의성을 나타내는 유의확률 모두 .001보다 작게 나타났기 때문에 '성별', '건강한 몸의 느낌', '건강한 자기관리' 모두 '평화'를 설명하기 위한 변수로서 적절하다는 것을 의미한다.

종속변수 '평화'를 설명하기 위한 3단계 모형은 '성별', '건강한 몸의 느낌', '건강한 자기관리'를 이용한 2단계 모형에 '행복' 변수를 추가적으로 투입한 모형이다. 분석 결과 '성별', '건강한 자기관리'의 유의확률은 모두 유의수준 .05보다 작게 나타났지만 '건강한 몸의 느낌'의 유의성을 나타내는 유의확률은 .056으로 유의수준 .05보다 크게 나타났다. 이는 '건강한 몸의 느낌'은 '평화'를 설명하기 위한 변수로서 적절하지 못하다는 것을 의미한다. 따라서 3단계의 최종모형에서 '건강한 몸의 느낌'을 제거한 결과를 보고할 필요가 있다(일반적인 위계적 회귀분석 방법을 사용한 논문에서는 이러한 단계를 거치지 않은 논문도 많다. 이에 대한 선택은 연구자의 몫이라고 본다).

모형 요약

모형	R	R 제곱	수정된 R 제곱	추정값의 표준 오차
1	.061[a]	.004	.003	.6731
2	.402[b]	.162	.160	.6178
3	.566[c]	.320	.319	.5565

a. 예측자: (상수), 성별(여=0,남=1)
b. 예측자: (상수), 성별(여=0,남=1), 건강한 자기관리, 건강한 몸의 느낌
c. 예측자: (상수), 성별(여=0,남=1), 건강한 자기관리, 건강한 몸의 느낌, 행복

통계적으로 유의미한 1단계 모형의 설명력은 0.4%로 '평화' 변동의 0.4%를 설명하고 있는 것으로 나타났으며, 2단계 모형의 설명력은 16.2%로 '평화' 변동의 16.2%를 설명하고 있는 것으로 나타났다. 이는 '건강한 몸의 느낌'과 '건강한 자기관리' 변수에 의해서 1단계 모형보다 설명력이 15.8% 증가한다는 것을 의미한다.

[SPSS 명령] – 위계적 회귀분석 2

1. 분석(A) → 회귀분석(R) → 선형(L)을 클릭한다.
2. 재설정(R)을 클릭한 후 아래 화면과 같이 설정하고 **확인**을 클릭한다.

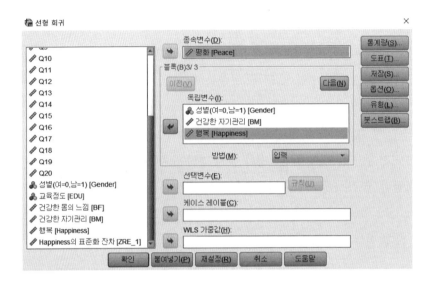

[SPSS 출력결과 및 해석] – 위계적 회귀분석 2

모형 요약

모형	R	R 제곱	수정된 R 제곱	추정값의 표준오차
1	.565ª	.319	.318	.5568

a. 예측자: (상수), 행복, 성별(여=0,남=1), 건강한 자기관리

ANOVAª

모형		제곱합	자유도	평균제곱	F	유의확률
1	회귀	281.975	3	93.992	303.129	.000ᵇ
	잔차	602.159	1942	.310		
	전체	884.134	1945			

a. 종속변수: 평화
b. 예측자: (상수), 행복, 성별(여=0,남=1), 건강한 자기관리

계수ª

모형		비표준화 계수		표준화 계수	t	유의확률
		B	표준화 오류	베타		
1	(상수)	1.751	.064		27.224	.000
	성별(여=0,남=1)	-.076	.026	-.055	-2.954	.003
	건강한 자기관리	.085	.019	.100	4.535	.000
	행복	.446	.019	.503	22.928	.000

a. 종속변수: 평화

종속변수 '평화'를 설명하기 위하여 '성별', '건강한 자기관리', '행복' 변수를 설명변수로 적용한 결과 '성별', '건강한 자기관리', '행복'의 유의성을 나타내는 유의확률 모두 .01보다 작게 나타났으며 모형의 설명력은 .319로 '평화' 변동의 31.9%를 설명하고 있다.

위계적 회귀분석의 결과를 정리하면 〈표 3-3〉과 같다. 4단계의 결과를 살펴보면 '성별', '건강한 자기관리', '행복'의 비표준화 계수는 각각 −.076, .085, .446으로 나타났다. 이는 여자(성별 = 0)에 비하여 남자(성별 = 1)의 '평화' 점수는 낮게 나타나고 있으며, '성별'과 '건강한 자기관리'의 효과를 고정시킨 후(그 영향을 제거한 후) '행복'이 1점 증가할 경우 '평화'는 .446점 증가한다는 것을 의미한다. 이는 '성별'과 '행복'의 효과를 고정시킨 후(그 영향을 제거한 후) '건강한 자기관리'가 1점 증가할 경우 '평화'는 .085점 증가한다는 것을 감안할 때 '행복'이 '건강한 자기관리'보다 '평화'에 더 큰 영향을 미치고 있다는 것을 의미한다.

〈표 3-3〉 평화에 대한 위계적 회귀분석결과: 비표준화 회귀계수(B)

모형		1단계	2단계	3단계	4단계
설명변수	성별	−.084**	−.122***	−.080**	−.076**
	건강한 몸의 느낌		.189***	.043*	−
	건강한 자기관리		.195***	.065**	.085***
	행복			.435***	.446***
설명력(R^2)		.004	.162	.320	.319
F-값		7.317	124.776	228.566	303.129
자유도		(1, 1944)	(3, 1942)	(4, 1941)	(3, 1942)
유의확률		.007	.000	.000	.000

주) ***: $p < .001$, **: $p < .01$, *: $p < .05$

7. 집단의 수 2 이상, 반복측정의 횟수가 2회인 경우

[연구문제 7-1] 정서조절능력 향상을 위한 프로그램이 효과적인지를 살펴보 고자 한다. 실험집단1, 실험집단2, 통제집단은 동질적인가?

[연구문제 해결을 위한 통계분석 설명]

[연구문제 7-1]은 실험집단1과 실험집단2에 부과된 특정 프로그램이 효과적인지 여부를 공정하고 객관적으로 입증하기 위하여 첫 번째로 고민하는 문제로 실험이 부과되기 전 실험집단1, 실험집단2, 통제집단이 본질적으로 차이가 없다는 것을 검증하는 것이다. 이를 집단의 동질성 검정(homogeneity test)이라고 부른다.

여러 집단의 동질성은 일반적으로 적어도 두 가지 측면에서 고려되어야 한다. 우선, 여러 집단을 구성하고 있는 인구사회경제적인 측면에서 동질적이어야 한다. 이는 집단을 구성하고 있는 성별, 연령, 교육수준, 경제수준 등에서 차이가 없어야 한다는 것을 의미한다. 그 다음 단계는, 사전검사에서 나타난 변수들(독립변수, 종속변수 등)의 값에서 동질적이어야 한다. 이는 집단 간의 평균은 물론 분산(또는 표준편차) 또한 차이가 없어야 한다는 것을 의미한다.

[SPSS 명령] – 인구사회경제적인 측면의 동질성 검정

1. 파일(F) → 열기(O) → 데이터(D)를 클릭한다.
2. 다음 화면과 같이 Data2.sav를 선택한 후 **열기(O)**를 클릭한다.

3. **분석(A)** → **일반선형모형(G)** → **일변량(U)**을 클릭한다.

4. 아래 화면과 같이 설정하고 **사후분석(H)**을 클릭한다.

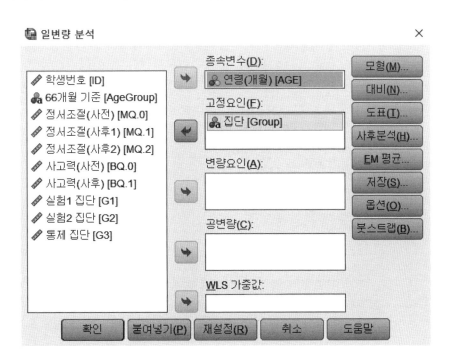

5. 다음 화면과 같이 설정하고 **계속(C)**을 클릭한다.

6. **옵션(O)**을 클릭한 후 다음 화면과 같이 설정한다.

7. **계속(C)**을 클릭하고 확인을 클릭한다.

[SPSS 출력결과 및 해석] - 인구사회경제적인 측면의 동질성 검정

오차 분산의 동일성에 대한 Levene의 검정[a,b]

		Levene 통계량	자유도1	자유도2	유의확률
연령(개월)	평균을 기준으로 합니다.	19.245	2	87	.000
	중위수를 기준으로 합니다.	16.890	2	87	.000
	자유도를 수정한 상태에서 중위수를 기준으로 합니다.	16.890	2	61.676	.000
	절삭평균을 기준으로 합니다.	19.243	2	87	.000

여러 집단에서 종속변수의 오차 분산이 등일한 영가설을 검정합니다.

a. 종속변수: 연령(개월)

b. Design: 절편 + Group

개체-간 효과 검정

종속변수: 연령(개월)

소스	제 III 유형 제 곱합	자유도	평균제곱	F	유의확률
수정된 모형	631.756[a]	2	315.878	12.889	.000
절편	398934.044	1	398934.044	16277.677	.000
Group	631.756	2	315.878	12.889	.000
오차	2132.200	87	24.508		
전체	401698.000	90			
수정된 합계	2763.956	89			

a. R 제곱 = .229 (수정된 R 제곱 = .211)

실험집단1, 실험집단2, 통제집단을 구성하고 있는 아동이 연령(개월 수)의 측면에서 동질적인지를 파악한 결과 세 집단의 평균 연령이 동일하다는 귀무가설에 대한 유의확률은 .000으로 유의수준 .05보다 작다. 이는 실험집단1, 실험집단2, 통제집단을 구성하고 있는 아동의 평균연령이 동일하지 않다는 것을 의미한다. 또한 세 집단의 오차항에 대한 분산의 동일성 검정 결과도 기각된다. 결론적으로 실험집단1, 실험집단2, 통제집단은 대상 아동의 연령적인 측면에서는 동질적이지 못하다고 볼 수 있다.

사후검정

집단

다중비교

종속변수: 연령(개월)

	(I) 집단	(J) 집단	평균차이(I-J)	표준오차	유의확률	95% 신뢰구간 하한	95% 신뢰구간 상한
Scheffe	실험1	실험2	.23	1.278	.983	-2.95	3.42
		등제	5.73*	1.278	.000	2.55	8.92
	실험2	실험1	-.23	1.278	.983	-3.42	2.95
		등제	5.50*	1.278	.000	2.32	8.68
	등제	실험1	-5.73*	1.278	.000	-8.92	-2.55
		실험2	-5.50*	1.278	.000	-8.68	-2.32
Tamhane	실험1	실험2	.23	.901	(.992)	-1.98	2.45
		등제	5.73*	1.429	(.001)	2.18	9.29
	실험2	실험1	-.23	.901	.992	-2.45	1.98
		등제	5.50*	1.431	.001	1.94	9.06
	등제	실험1	-5.73*	1.429	.001	-9.29	-2.18
		실험2	-5.50*	1.431	.001	-9.06	-1.94

관측평균을 기준으로 합니다.
오차항은 평균제곱(오차) = 24.508입니다.
*. 평균차이는 .05 수준에서 유의합니다.

동질적 부분집합

연령(개월)

	집단	N	부분집합 1	부분집합 2
Scheffe[a,b]	등제	30	62.83	
	실험2	30		68.33
	실험1	30		68.57
	유의확률		1.000	.983

등질적 부분집합에 있는 집단에 대한 평균이 표시됩니다.
관측평균을 기준으로 합니다.
오차항은 평균제곱(오차) = 24.508입니다.
 a. 조화평균 표본크기 30.000을(를) 사용합니다.
 b. 유의수준 = .05.

세 집단의 연령비교 결과를 좀 더 살펴보자. 세 집단의 오차항에 대한 분산의 동일성이 보장되지 않을 경우의 집단비교를 위한 사후분석방법인 Tamhane 결과를 살펴보면 실험집단1과 실험집단2는 통제집단에 비하여 유아의 연령이 높게 배정되어 있음을 알 수 있다.

[SPSS 명령] – 정서조절능력 점수 측면의 동질성 검정

1. 분석(A) → 일반선형모형(G) → 일변량(U)을 클릭한다.

2. 아래 화면과 같이 설정하고 **사후분석(H)**을 클릭한다.

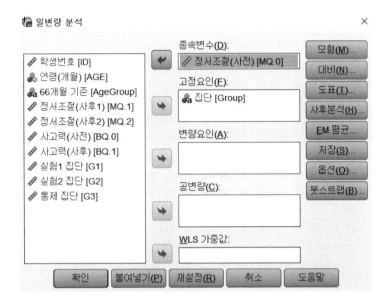

3. 다음 화면과 같이 설정하고 **계속(C)**을 클릭한다.

4. **옵션(O)**을 클릭한 후 다음 화면과 같이 설정한다.

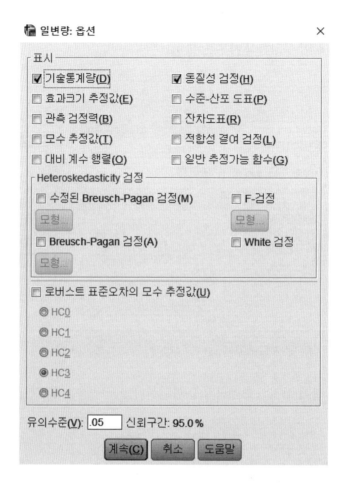

5. **계속(C)**을 클릭하고 **확인**을 클릭한다.

[SPSS 출력결과 및 해석] – 정서조절능력 점수 측면의 동질성 검정

오차 분산의 동일성에 대한 Levene의 검정[a,b]

		Levene 통계량	자유도1	자유도2	유의확률
정서조절(사전)	평균을 기준으로 합니다.	3.362	2	87	.039
	중위수를 기준으로 합니다.	2.295	2	87	.107
	자유도를 수정한 상태에서 중위수를 기준으로 합니다.	2.295	2	71.473	.108
	절삭평균을 기준으로 합니다.	3.160	2	87	.047

여러 집단에서 종속변수의 오차 분산이 동일한 영가설을 검정합니다.

  a. 종속변수: 정서조절(사전)

  b. Design: 절편 + Group

개체-간 효과 검정

종속변수: 정서조절(사전)

소스	제 III 유형 제곱합	자유도	평균제곱	F	유의확률
수정된 모형	2.898[a]	2	1.449	18.938	.000
절편	507.089	1	507.089	6627.987	.000
Group	2.898	2	1.449	18.938	.000
오차	6.656	87	.077		
전체	516.643	90			
수정된 합계	9.554	89			

  a. R 제곱 = .303 (수정된 R 제곱 = .287)

    실험집단1, 실험집단2, 통제집단이 사전 정서조절능력 점수 측면에서 동일하다는 것을 입증하기 위하여 '정서조절능력(사전)'에 대한 일원분산분석을 실시한 결과 세 집단의 평균이 동일하다는 귀무가설은 기각되는 것을 알 수 있다. 또한 오차항에 대한 분산의 동일성 검정 결과도 유의확률이 .039로 유의수준 .05보다 작기 때문에 기각된다는 것을 알 수 있다. 따라서 세 집단은 사전 정서조절능력의 측면에서 동질적이지 못하다고 볼 수 있다.

사후검정

집단

다중비교

종속변수: 정서조절(사전)

(I) 집단		(J) 집단	평균차이(I-J)	표준오차	유의확률	95% 신뢰구간	
						하한	상한
Scheffe	실험1	실험2	-.4118*	.07142	.000	-.5896	-.2339
		통제	-.0727	.07142	.597	-.2506	.1051
	실험2	실험1	.4118*	.07142	.000	.2339	.5896
		통제	.3390*	.07142	.000	.1612	.5169
	통제	실험1	.0727	.07142	.597	-.1051	.2506
		실험2	-.3390*	.07142	.000	-.5169	-.1612
Tamhane	실험1	실험2	-.4118*	.08020	.000	-.6092	-.2143
		통제	-.0727	.07138	.677	-.2497	.1042
	실험2	실험1	.4118*	.08020	.000	.2143	.6092
		통제	.3390*	.06143	.000	.1874	.4906
	통제	실험1	.0727	.07138	.677	-.1042	.2497
		실험2	-.3390*	.06143	.000	-.4906	-.1874

관측평균을 기준으로 합니다.
오차항은 평균제곱(오차) = .077입니다.

*. 평균차이는 .05 수준에서 유의합니다.

동질적 부분집합

정서조절(사전)

	집단	N	부분집합	
			1	2
Scheffe[a,b]	실험1	30	2.2122	
	통제	30	2.2849	
	실험2	30		2.6239
	유의확률		.597	1.000

동질적 부분집합에 있는 집단에 대한 평균이 표시됩니다.
관측평균을 기준으로 합니다.
오차항은 평균제곱(오차) = .077입니다.

a. 조화평균 표본크기 30.000을(를) 사용합니다.

b. 유의수준 = .05.

세 집단의 사전 정서조절능력 점수를 비교한 결과를 살펴보자. 세 집단의 오차항에 대한 분산의 동일성이 보장되지 않을 경우의 집단비교를 위한 사후분석방법인 Tam-hane 결과를 보면 실험집단1과 통제집단은 평균의 측면에서 같지만 실험집단2는 다른 두 집단에 비하여 정서조절능력이 높다는 것을 알 수 있다.

[연구문제 7-2] 정서조절능력 향상을 위한 프로그램은 효과가 있는가?

[연구문제 해결을 위한 통계분석 설명]

사전점수와 사후검사만이 있는 형태에서 [연구문제 7-2]와 같은 형태를 위한 분석기법은 공분산분석(analysis of covariance)이다. 공분산분석은 사전점수를 필수적인 공변인(covariate)으로 간주하고 집단의 효과(group effect)를 비교하기 위한 방법이다. 이는 공변인이 종속변수에 미치는 영향을 제거한 후에 순수한 집단의 효과를 비교하기 위한 방법이다. 공분산분석 모형에는 공변인 값의 변화에 따라서 종속변수의 값이 변하는 정도를 나타내는 기울기의 형태가 집단에 따라서 동일하다는 것을 상정한 모형과 기울기도 집단에 따라서 다르다는 것을 상정한 모형이 있다. 전자는 집단과 공변인의 상호작용(interaction)이 없는 모형이고 후자는 집단과 공변인의 상호작용이 있는 모형이다. 상호작용이 있는 모형을 분석하기 위해서는 일단 상호작용이 없는 주효과 모형(main effect model)에서 공변인과 집단효과가 유의하게 나타나야 한다. 집단과 공변인의 상호작용이 있는 모형에서 주효과인 공변인 및 집단효과가 유의하고 상호작용도 유의하게 나타날 경우 집단변수는 조절변수(moderating variable) 역할을 한다고 한다.

[연구문제 7-2]에서 '실험1 집단'은 정서조절능력 향상을 위한 프로그램이 적용이 된 집단이고 '실험2 집단'은 사고력 증진을 위한 프로그램이 적용된 집단이며 '통제집단'은 일반적인 아동교육 프로그램이 적용된 집단이다.

[SPSS 명령] – 프로그램 효과 검증

1. 분석(A) → 일반선형모형(G) → 일변량(U)을 클릭한다.
2. 재설정(R)을 클릭하고 다음 화면과 같이 설정한다.

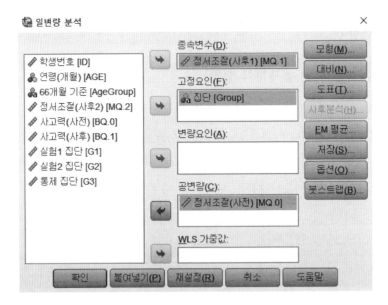

3. 확인을 클릭한다.

[SPSS 출력결과 및 해석] – 프로그램 효과 검증

개체-간 효과 검정

종속변수: 정서조절(사후1)

소스	제 III 유형 제곱합	자유도	평균제곱	F	유의확률
수정된 모형	6.836ᵃ	3	2.279	63.137	.000
절편	1.726	1	1.726	47.832	.000
MQ.0	2.628	1	2.628	72.810	.000
Group	5.076	2	2.538	70.325	.000
오차	3.104	86	.036		
전체	670.025	90			
수정된 합계	9.940	89			

a. R 제곱 = .688 (수정된 R 제곱 = .677)

    정서조절능력 사전점수가 사후점수에 미치는 영향에 대한 유의성 검정 결과 유의확률이 .000으로 유의수준 .05보다 작다. 이는 사전검사가 사후검사에 영향을 미친다는 것을 의미한다. 아울러 집단의 차이가 없다는 귀무가설에 대한 유의확률도 .05보다 작다. 이는 집단 간의 차이도 있다는 것을 의미한다.

다음 단계는 사전점수가 사후점수에 미치는 영향이 집단에 따라서 다른지 여부를 판단할 필요가 있다. 이는 사전점수와 집단의 상호작용을 고려한 공분산분석을 적용하면 된다.

[SPSS 명령] – 프로그램 효과 검증: 상호작용이 있는 모형

1. 분석(A) → 일반선형모형(G) → 일변량(U)을 클릭한다.
2. 모형(M)을 클릭하고 다음 화면과 같이 설정한다.

3. 계속(C)을 클릭한 후 **확인**을 클릭한다.

[SPSS 출력결과 및 해석] – 프로그램 효과 검증: 상호작용이 있는 모형

개체-간 효과 검정

종속변수: 정서조절(사후1)

소스	제 III 유형 제 곱합	자유도	평균제곱	F	유의확률
수정된 모형	6.889ª	5	1.378	37.933	.000
절편	1.294	1	1.294	35.618	.000
MQ.0	2.271	1	2.271	62.513	.000
Group	.125	2	.062	1.717	.186
Group * MQ.0	.053	2	.026	.727	.486
오차	3.051	84	.036		
전체	670.025	90			
수정된 합계	9.940	89			

a. R 제곱 = .693 (수정된 R 제곱 = .675)

상호작용에 대한 유의확률을 살펴보면 .486으로 유의수준 .05보다 크게 나타났다. 이는 상호작용은 유의하지 않다는 것을 의미한다. 따라서 사전점수와 집단의 상호작용이 없는 모형에 대한 분산분석표를 보고하여야 한다. 이를 위해서는 제1유형 제곱합(type I sum of squares)을 얻어야 한다.

[SPSS 명령] – 프로그램 효과 검증: 제1유형 제곱합

1. 분석(A) → 일반선형모형(G) → 일변량(U)을 클릭한다.
2. 재설정(R)을 클릭한 후 다음 화면과 같이 설정하고 모형(M)을 클릭한다.

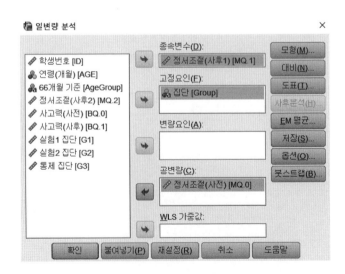

3. 다음 화면과 같이 설정하고 **계속(C)**을 클릭한다.

4. **옵션(O)**을 클릭한 후 다음 화면과 같이 설정한다.

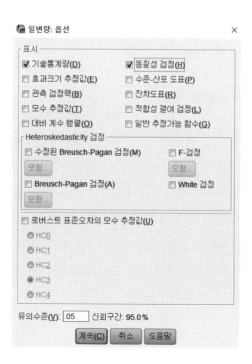

5. 계속(C)을 클릭한 후 확인을 클릭한다.

[SPSS 출력결과 및 해석] – 프로그램 효과 검증: 제1유형 제곱합

오차 분산의 동일성에 대한 Levene 의 검정[a]

종속변수: 정서조절(사후1)

F	자유도1	자유도2	유의확률
6.912	2	87	.002

여러 집단에서 종속변수의 오차 분산이 등일한 영가설을 검정합니다.

a. Design: 절편 + MQ.0 + Group

개체-간 효과 검정

종속변수: 정서조절(사후1)

소스	제I유형 제곱합	자유도	평균제곱	F	유의확률
수정된 모형	6.836[a]	3	2.279	63.137	.000
절편	660.086	1	660.086	18289.497	.000
MQ.0	1.760	1	1.760	48.761	.000
Group	5.076	2	2.538	70.325	.000
오차	3.104	86	.036		
전체	670.025	90			
수정된 합계	9.940	89			

a. R 제곱 = .688 (수정된 R 제곱 = .677)

　　정서조절능력 사전점수가 사후점수에 미치는 영향에 대한 유의성 검정 결과 유의확률이 .000으로 유의수준 .05보다 작다. 이는 사전검사가 사후검사에 영향을 미친다는 것을 의미한다. 공변인(covariate)인 사전검사가 사후검사에 미치는 영향을 제거한 후 추가적인 집단 효과가 없다는 귀무가설에 대한 유의확률은 .000으로 유의수준 .05보다 작다. 따라서 집단의 효과도 있는 것으로 보인다. 하지만 오차항에 대한 분산의 동일성에 대한 검정결과 유의확률이 .002로 유의수준 .05보다 매우 작다. 따라서 분산분석의 결과 해석에 신중을 기할 필요가 있다.

8. 집단의 수 2 이상, 반복측정의 횟수가 3회 이상인 경우

[연구문제 8-1] 정서조절능력 향상 프로그램이 효과적인지를 살펴보고자 한다. 실험집단1, 실험집단2, 통제집단은 동질적인가?

[연구문제 해결을 위한 통계분석 설명]

[연구문제 8-1]은 [연구문제 7-1]과 같다.

[연구문제 8-2] 정서조절능력 향상을 위한 프로그램은 효과가 있는가?

[연구문제 해결을 위한 통계분석 설명]

[연구문제 8-2]는 동일 집단에 사전, 사후, 추후 등 3회 이상의 반복측정이 이루어졌을 경우에 두 개 이상의 집단비교를 위한 것이다. 이 경우 반복측정분산분석(Repeated measures ANOVA; analysis of variance with repeated measures)을 적용할 수 있다. 반복측정분산분석은 각 집단수준에 속하는 구성원의 사고력이 시간이 경과함에 따라서(반복측정이 진행됨에 따라서) 선형적으로 증가하며 그 증가하는 형태는 집단에 따라서 다르다는 것을 상정하고 있다. 따라서 반복측정분산분석의 결과를 해석하기 위해서는 1) 집단의 효과가 통계적으로 유의하게 나타나고, 2) 반복측정에 따른 시간의 효과(또는 학습의 효과)가 나타나고, 3) 반복측정에 따른 시간의 효과가 집단에 따라서 형태를 달리하고 있는지 여부를 살펴보아야 한다는 의미로 볼 수 있다.

반복측정분산분석 모형이 적용될 수 있는 상황에서는 동일한 개체에 대하여 사고력을 반복적으로 측정하고 있기 때문에 각 측정값이 서로 독립적이지 못하다. 이는 종속변수의 측정값에 대한 독립성을 가정하고 있는 공분산분석과 가장 큰 차이점이라고 볼 수 있다.

반복측정분산분석을 적용하기 위해서는 오차항의 공분산 행렬에 대한 구조가 반복측정분산분석 모형에서 상정하고 있는 구조와 동일한지 여부를 검증하여야 한다. 이를 구형성 검정(sphericity test) 이라고 부른다. 구형성 검정에서의 귀무가설은 연구자가 분석하고자 하는 데이터가 반복측정분산분석에서 가정하고 있는 오차항의 공분산 행렬에 대한 가정을 적용시킬 수 있다는 것이다. 구형성 검정 결과 귀무가설이 채택되면(유의확률이 유의수준 .05보다 크면) 반복측정분산분석 결과를 보면 되고, 귀무가설이 기각될 경우(유의확률이 유의수준 .05보다 작을 경우) 자유도를 보정한 결과를 토대로 해석하고, 자유도를 보정하였음에도 불구하고 유의확률이 크면 반복측정분산분석 모형을 적용할 수가 없기 때문에 반복측정된 종속변수의 값을 다변량으로 놓고 집단비교를 한 다변량분산분석(Multivariate ANOVA) 결과를 보면 된다.

[SPSS 명령] – 반복측정분산분석 1

1. 분석(A) → 일반선형모형(G) → 반복측도(R)을 클릭한다.
2. 아래 화면과 같이 입력하고 **추가(A)**를 클릭한 후 **정의(F)**를 클릭한다.

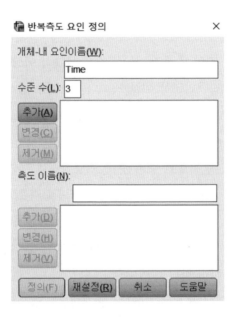

3. 다음 화면과 같이 설정하고 **확인**을 클릭한다.

    (여기서 왼쪽 상자 안의 'MQ.0' 변수를 클릭 한 후에 상자 옆에 있는 ➡ 버튼을 클릭하면 **개체 - 내 변수(W):'** 상자 안으로 변수가 이동된다. 'MQ.1', 'MQ.2' 변수도 동일한 방법으로 이동시킨다.)

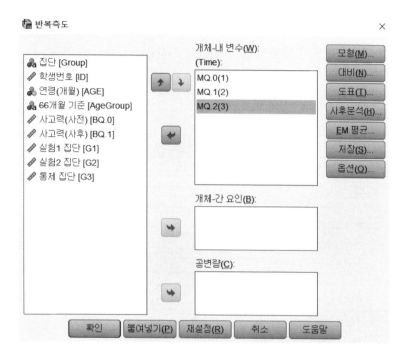

[SPSS 출력결과 및 해석] – 반복측정분산분석 1

Mauchly의 구형성 검정[a]

측도: MEASURE_1

개체-내 효과	Mauchly의 W	근사 카이제곱	자유도	유의확률	엡실런[b] Greenhouse-Geisser	Huynh-Feldt	하한
Time	.457	67.306	2	.000	.648	.669	.500

정규화된 변형 종속변수의 오차 공분산 행렬이 항등 행렬에 비례하는 영가설을 검정합니다.

a. Design: 절편 + Group
   개체-내 계획: Time

b. 유의성 평균검정의 자유도를 조정할 때 사용할 수 있습니다. 수정된 검정은 개체내 효과검정 표에 나타납니다.

구형성 검정 결과 유의확률이 .000으로 유의수준 .05보다 작다. 이는 반복측정분산
분석모형을 적용하는데 문제가 있을 수 있다는 것을 의미한다. 구형성 가정의 문제가
없을 경우에는 구형성 가정의 출력결과를 보면 되지만 구형성 가정이 기각이 될 경우
에는 다음 단계로 반복측정분산분석결과를 살펴볼지 아니면 다변량분산분석 결과를
살펴볼지 여부를 결정하여야 한다. 이를 위해서는 구형성 가정 위반에 따른 자유도를
조정한 결과인 Greenhouse-Geisser 결과 또는 Huynh-Feidt 결과를 살펴볼 필요가 있
다. 일반적으로 엡실런의 값이 .75 이상일 경우에는 Huynh-Feidt 결과, .75 미만일 경

우에는 Greenhouse-Geisser 결과를 보면 된다. 구형성 검정 결과에서 엡실런 값(.648
과 .669) 모두 .75보다 작기 때문에 Greenhouse-Geisser 결과를 보면 된다.

개체-내 효과 검정

측도: MEASURE_1

소스		제 III 유형 제 곱합	자유도	평균제곱	F	유의확률
Time	구형성 가정	20.955	2	10.478	551.655	.000
	Greenhouse-Geisser	20.955	1.296	16.165	551.655	.000
	Huynh-Feldt	20.955	1.338	15.662	551.655	.000
	하한	20.955	1.000	20.955	551.655	.000
Time * Group	구형성 가정	12.182	4	3.045	160.345	.000
	Greenhouse-Geisser	12.182	2.593	4.699	160.345	.000
	Huynh-Feldt	12.182	2.676	4.552	160.345	.000
	하한	12.182	2.000	6.091	160.345	.000
오차(Time)	구형성 가정	3.305	174	.019		
	Greenhouse-Geisser	3.305	112.782	.029		
	Huynh-Feldt	3.305	116.406	.028		
	하한	3.305	87.000	.038		

반복측정의 효과(시간의 효과)와 시간과 집단의 상호작용 효과를 살펴보기 위하여 자
유도를 보정한 Greenhouse-Geisser 결과를 보면 시간(Time)에 대한 유의확률과 시간
과 집단의 상호작용(Time*Group)에 대한 유의확률 모두 .000으로 유의수준 .05보다 작
다. 이는 집단의 효과와 시간과 집단의 상호작용 효과가 있다는 것을 의미한다.

일반적으로 반복측정분산분석에서 시간과 집단의 상호작용(Time*Group)에만 관심
을 두는 경향이 있는데 이는 분석결과를 잘못 해석할 수 있는 가능성이 매우 크다. 대표
적으로 잘못 해석할 수 있는 경우는 집단 효과가 통계적으로 유의하지 못하지만 상호
작용이 유의하게 나타난 경우이다. 이 경우 상호작용이 유의하게 나타나는 경우는 시
간의 변화에 따른 종속변수의 변화가 집단에 따라서 그 형태를 달리하기 때문에 집단
의 효과가 있다고 해석하는데, 이는 사전검사에서 집단의 차이가 없을 경우(즉 사전검사
에서의 집단의 동질성이 확보되었을 경우)에는 맞는 해석이라고 볼 수 있다. 하지만 사전검
사에서 집단의 동질성이 확보되지 못하였을 경우에는 반복측정분산분석에서 집단효
과, 시간효과, 집단과 시간의 상호작용이 모두 유의하게 나타나야 집단의 효과에 대한
통계적 유의성을 말할 수 있게 된다.

개체-간 효과 검정

측도: MEASURE_1

변환된 변수: 평균

소스	제 III 유형 제곱합	자유도	평균제곱	F	유의확률
절편	1986.760	1	1986.760	10643.621	.000
Group	11.604	2	5.802	31.082	.000
오차	16.240	87	.187		

집단(Group)의 효과가 있는지를 살펴본 결과 유의확률이 .000으로 유의수준 .05보다 작다. 이는 집단의 효과가 있다는 것을 의미한다.

[SPSS 명령] – 반복측정분산분석 2

1. 분석(A) → 일반선형모형(G) → 반복측도(R)을 클릭한다.
2. 아래 화면과 같이 입력하고 추가(A)를 클릭한 후 정의(F)를 클릭한다.

3. 다음 화면과 같이 설정하고 **도표(T)**를 클릭한다.

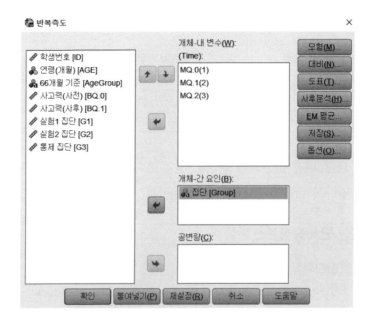

4. 다음 화면과 같이 설정한 후 **추가(A)**를 클릭하고 **계속(C)**을 클릭한다.

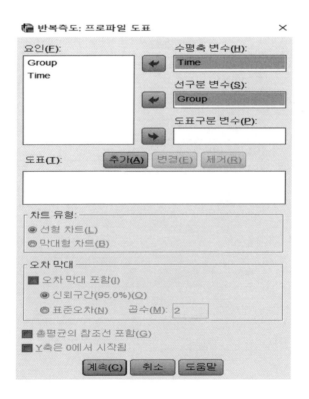

5. **사후분석(H)**을 클릭한 후 다음 화면과 같이 설정한다.

6. **계속(C)**을 클릭한 후 **EM 평균**을 클릭한다.

7. 다음 화면과 같이 설정한 후 **계속(C)**을 클릭한다.

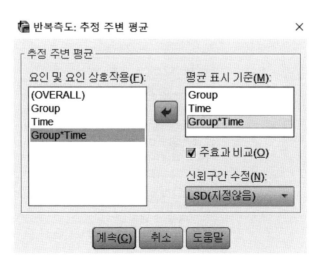

8. 옵션(O)을 클릭한 후 다음 화면과 같이 설정한다.

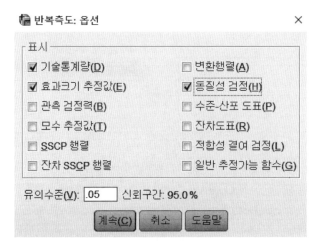

9. 계속(C)을 클릭한 후 확인을 클릭한다.

[SPSS 출력결과 및 해석] – 반복측정분산분석 2

다변량분산분석을 적용할 경우의 오차항의 동질성(여러 집단의 오차항에 대한 공분산행렬의 동일성) 검정결과는 다음과 같다.

공분산 행렬에 대한 Box의 동일성 검정[a]

Box의 M	37.635
F	2.979
자유도1	12
자유도2	36680.538
유의확률	.000

여러 집단에서 종속변수의 관측 공분산 행렬이 동일한 영가설을 검정합니다.

a. Design: 절편 + Group
개체-내 계획: Time

반복측정분산분석모형을 적용할 경우의 오차분산의 동일성 검정결과는 다음과 같다.

오차 분산의 동일성에 대한 Levene의 검정[a]

		Levene 통계량	자유도1	자유도2	유의확률
정서조절(사전)	평균을 기준으로 합니다.	3.362	2	87	.039
	중위수를 기준으로 합니다.	2.295	2	87	.107
	자유도를 수정한 상태에서 중위수를 기준으로 합니다.	2.295	2	71.473	.108
	절삭평균을 기준으로 합니다.	3.160	2	87	.047
정서조절(사후1)	평균을 기준으로 합니다.	9.918	2	87	.000
	중위수를 기준으로 합니다.	5.216	2	87	.007
	자유도를 수정한 상태에서 중위수를 기준으로 합니다.	5.216	2	54.018	.008
	절삭평균을 기준으로 합니다.	9.372	2	87	.000
정서조절(사후2)	평균을 기준으로 합니다.	6.179	2	87	.003
	중위수를 기준으로 합니다.	3.811	2	87	.026
	자유도를 수정한 상태에서 중위수를 기준으로 합니다.	3.811	2	61.502	.028
	절삭평균을 기준으로 합니다.	5.853	2	87	.004

여러 집단에서 종속변수의 오차 분산이 동일한 영가설을 검정합니다.

a. Design: 절편 + Group
   개체-내 계획: Time

[연구문제 8-1]을 위한 반복측정분산분석을 사용할 경우 세 집단의 오차항의 공분산 행렬이 동일하지 않으며 오차분산 또한 동일하지 않기 때문에 반복측정분산분석의 결과를 해석 시 주의를 요한다.

프로파일 도표

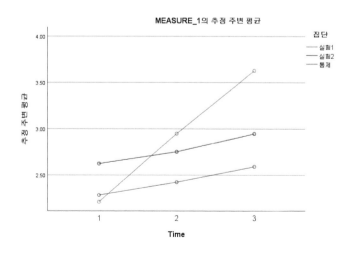

MEASURE_1의 추정 주변 평균

프로파일 도표는 반복측정분산분석 모형에서 각 측정시점에 따른 세 집단의 정서조절능력에 대한 추정된 평균값을 나타내고 있다. 이를 자세히 살펴보면 실험1 집단은 사전검사에서 통제집단과는 큰 차이가 없지만 실험2 집단에 비해서는 정서조절능력 사전점수가 낮다는 것을 시각적으로 알 수 있다. 하지만 프로그램이 진행되고 시간이 지남에 따라서 사후검사와 추후검사에서 나타난 결과를 보면 실험1 집단은 다른 두 집단에 비하여 정서조절능력이 급격하게 증가되고 있는 것을 시각적으로 확인 할 수 있다. 이를 프로그램 효과라고 보는 연구자도 있지만 앞에서 언급하였듯이 사전검사에서 세 집단의 동질성이 확보되지 않았을 경우 이를 프로그램 효과라고 주장하기에는 무리가 있다는 것을 다시 한 번 강조한다.

1. 집단

추정값

측도: MEASURE_1

집단	평균	표준오차	95% 신뢰구간 하한	95% 신뢰구간 상한
실험1	2.930	.046	2.839	3.020
실험2	2.774	.046	2.684	2.865
통제	2.434	.046	2.343	2.524

대응별 비교

측도: MEASURE_1

(I) 집단	(J) 집단	평균차이(I-J)	표준오차	유의확률[b]	차이에 대한 95% 신뢰구간[b] 하한	차이에 대한 95% 신뢰구간[b] 상한
실험1	실험2	.156[*]	.064	.018	.028	.284
	통제	.496[*]	.064	.000	.368	.624
실험2	실험1	-.156[*]	.064	.018	-.284	-.028
	통제	.341[*]	.064	.000	.213	.469
통제	실험1	-.496[*]	.064	.000	-.624	-.368
	실험2	-.341[*]	.064	.000	-.469	-.213

추정 주변 평균을 기준으로
* . 평균차이는 .05 수준에서 유의합니다.
b. 다중비교를 위한 수정: 최소유의차 (수정하지 않은 상태와 동일합니다.)

일변량 검정

측도: MEASURE_1

	제곱합	자유도	평균제곱	F	유의확률	부분 에타 제곱
대비	3.868	2	1.934	31.082	.000	.417
오차	5.413	87	.062			

F-검정으로 효과 집단을(를) 검정합니다. 이 검정은 추정되는 주변 평균 사이의 선형독립의 대응별 비교에 기초합니다.

앞의 출력결과에서 '개체-간 효과 검정'에서 집단효과에 대한 유의확률은 .000으로 유의수준 .05보다 작다는 것을 알 수 있었다. 이를 좀 더 자세히 살펴보기 위하여 '대응별 비교' 결과를 살펴보면 실험1 집단 > 실험2 집단 > 통제집단의 순으로 정서조절능력의 평균이 높게 나타났다는 것을 확인할 수 있다. 여기서 '일변량 검정'의 결과는 일원분산분석으로 분석한 결과를 나타내는 것으로 구형성 검정에서 유의확률이 매우 작게 나타나고, 또한 자유도를 보정한 결과에서도 시기의 효과가 없을 경우(반복측정분산분석 모형에서의 구형성 가정을 충족하지 못할 경우)에 대안적으로 사용할 수 있는 방법이다.

2. Time

추정값

측도: MEASURE_1

Time	평균	표준오차	95% 신뢰구간 하한	95% 신뢰구간 상한
1	2.374	.029	2.316	2.432
2	2.708	.027	2.654	2.762
3	3.056	.030	2.996	3.116

대응별 비교

측도: MEASURE_1

(I) Time	(J) Time	평균차이(I-J)	표준오차	유의확률[b]	차이에 대한 95% 신뢰구간[b] 하한	차이에 대한 95% 신뢰구간[b] 상한
1	2	-.335*	.023	.000	-.380	-.289
	3	-.682*	.025	.000	-.732	-.632
2	1	.335*	.023	.000	.289	.380
	3	-.348*	.011	.000	-.370	-.326
3	1	.682*	.025	.000	.632	.732
	2	.348*	.011	.000	.326	.370

추정 주변 평균을 기준으로

*. 평균차이는 .05 수준에서 유의합니다.

b. 다중비교를 위한 수정: 최소유의차 (수정하지 않은 상태와 동일합니다.)

다변량 검정

	값	F	가설 자유도	오차 자유도	유의확률	부분 에타 제곱
Pillai의 트레이스	.934	609.942[a]	2.000	86.000	.000	.934
Wilks의 람다	.066	609.942[a]	2.000	86.000	.000	.934
Hotelling의 트레이스	14.185	609.942[a]	2.000	86.000	.000	.934
Roy의 최대근	14.185	609.942[a]	2.000	86.000	.000	.934

각 F는 다변량효과 Time을(를) 검정합니다. 이 검정은 추정되는 주변 평균 사이의 선형독립의 대응별 비교에 기초합니다.

a. 정확한 통계량

시간이 지남에 따라서 정서조절능력의 평균이 증가하는지 여부를 살펴볼 수 있다. 반복측정분산분석 모형에서 각 시점에 대한 '대응별 비교'에서도 그렇고 시간을 집단으로 간주하여 다변량분산분석을 적용한 경우에도 시간의 효과에 대한 유의확률은 모두 .000으로 유의수준 .05보다 작게 나타났다. 이는 시간의 효과가 있다는 것을 나타낸다. [연구문제 8-1]과 같이 실험1 집단과 실험2 집단에 아동의 정서조절능력 및 사고력 증진을 위한 프로그램이 부과된 경우 이러한 시간의 효과는 단지 시간의 흐름에 따라서 학습되는 학습효과인지 프로그램의 효과인지 여부는 지금 이 단계에서는 알 수 없다.

3. 집단 * Time

측도: MEASURE_1

집단	Time	평균	표준오차	95% 신뢰구간	
				하한	상한
실험1	1	2.212	.050	2.112	2.313
	2	2.949	.047	2.855	3.042
	3	3.629	.052	3.525	3.733
실험2	1	2.624	.050	2.524	2.724
	2	2.752	.047	2.659	2.845
	3	2.948	.052	2.844	3.052
통제	1	2.285	.050	2.185	2.385
	2	2.424	.047	2.331	2.517
	3	2.591	.052	2.487	2.696

[연구문제 8-1]과 같이 반복측정분산분석 모형을 통하여 프로그램의 효과를 입증하기 위해서는 적어도 정서조절능력 점수의 측면에서 사전검사에서 집단 간의 차이가 없고 사후 및 추후검사에서 통제집단 및 실험2 집단(사고력 증진 프로그램이 부과된 집단)에 비하여 실험1 집단(정서조절능력 향상 프로그램이 부과된 집단)의 정서조절능력 점수가 높게 나타나고 있다는 것을 확인할 수 있어야 한다.

실험1 집단, 실험2 집단, 통제집단의 정서조절능력 사전검사에 대한 95% 신뢰구간은 각각 (2.112. 2.313), (2.524, 2.724), (2.185, 2.385)로 나타났다. 이는 '실험2 집단'의 정서조절능력 사전점수가 '실험1 집단' 및 '통제집단'의 사전점수보다 높다는 것을 의미하는 것으로 정서조절능력 향상 프로그램의 효과를 주장할 경우 '불공정한 경쟁'에 대한 논란을 피할 수가 없다는 것을 의미한다.

사후검정

집단

다중비교

측도: MEASURE_1

	(I) 집단	(J) 집단	평균차이(I-J)	표준오차	유의확률	95% 신뢰구간 하한	95% 신뢰구간 상한
Scheffe	실험1	실험2	.1555	.06441	.059	-.0049	.3159
		통제	.4964*	.06441	.000	.3360	.6568
	실험2	실험1	-.1555	.06441	.059	-.3159	.0049
		통제	.3409*	.06441	.000	.1805	.5013
	통제	실험1	-.4964*	.06441	.000	-.6568	-.3360
		실험2	-.3409*	.06441	.000	-.5013	-.1805
Tamhane	실험1	실험2	.1555	.07088	.096	-.0196	.3306
		통제	.4964*	.06873	.000	.3262	.6666
	실험2	실험1	-.1555	.07088	.096	-.3306	.0196
		통제	.3409*	.05193	.000	.2132	.4686
	통제	실험1	-.4964*	.06873	.000	-.6666	-.3262
		실험2	-.3409*	.05193	.000	-.4686	-.2132

관측평균을 기준으로 합니다.
오차항은 평균제곱(오차) = .062입니다.
*. 평균차이는 .05 수준에서 유의합니다.

반복측정분산분석 모형에서는 각 집단에 대한 오차분산의 동일성을 가정하고 있다. 앞에서 살펴본 바와 같이 '오차분산의 동일성에 대한 Levene의 검정' 결과를 살펴보면 사전, 사후, 추후 모두 세 집단의 오차분산의 동일성 검정결과 유의확률이 각각 .039, .000, .003으로 유의수준 .05보다 낮게 나타났다. 이는 반복측정분산분석 모형에서 가정하고 있는 각 집단의 오차분산의 동일성이 기각된다는 것을 의미한다. 이 경우 집단비교를 위한 사후분석에서 Tamhane 결과를 보면 된다. 그 결과 '실험1 집단'과 '실험2 집단'은 '통제집단'에 비하여 정서조절능력 점수가 높게 나타나고 있음을 알 수 있다.

반복측정이 3회 이상인 상황에서 반복측정분산분석을 적용할 경우 사전검사에서 집단의 차이가 없으며(즉 사전검사에서의 집단의 동질성이 확보되며) 집단효과, 시간효과, 집단과 시간의 상호작용이 모두 유의하게 나타나야 집단의 효과에 대한 통계적 유의성을 말할 수 있게 된다. 하지만 사전점수에서 평균의 동일성이 확보되지 못할 경우에는 사전검사의 점수를 공변인으로 하고 사후검사1과 사후검사2를 반복측정된 것으로 간주하여 반복측정분산분석을 실시할 수 있다.

[SPSS 명령] – 공변인이 있는 반복측정분산분석

1. 분석(A) → 일반선형모형(G) → 반복측도(R)을 클릭한다.

2. 재설정(R)을 클릭한다.

3. 아래 화면과 같이 입력하고 **추가(A)**를 클릭한 후 **정의(F)**를 클릭한다.

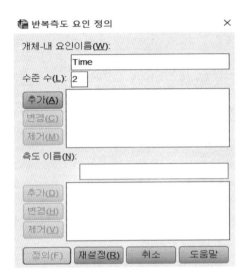

4. 다음 화면과 같이 설정하고 **도표(T)**를 클릭한다.

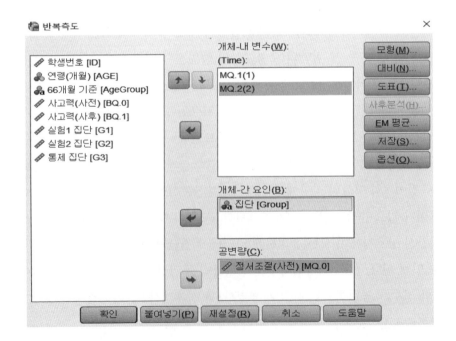

5. 다음 화면과 같이 설정한 후 **추가(A)**를 클릭한다.

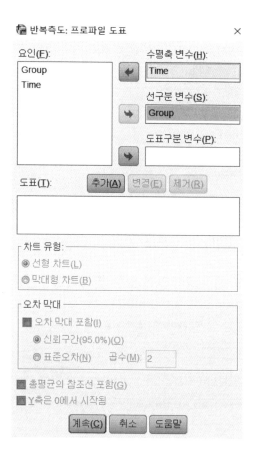

6. 계속(C)을 클릭한 후 **EM 평균**을 클릭한다.

7. 다음과 같이 설정한 후 **계속(C)**을 클릭한다.

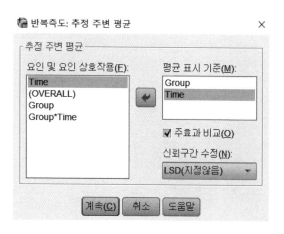

8. **옵션(O)**을 클릭한 후 다음과 같이 설정한다.

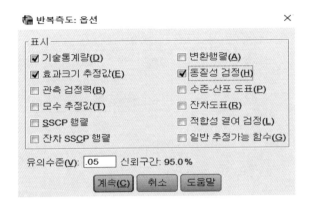

9. **계속(C)**을 클릭한 후 **확인**을 클릭한다.

[SPSS 출력결과 및 해석] – 공변인이 있는 반복측정분산분석

Mauchly의 구형성 검정[a]

측도: MEASURE_1

					엡실런[b]		
개체-내 효과	Mauchly의 W	근사 카이제곱	자유도	유의확률	Greenhouse-Geisser	Huynh-Feldt	하한
Time	1.000	.000	0	.	1.000	1.000	1.000

정규화된 변형 종속변수의 오차 공분산 행렬이 항등 행렬에 비례하는 영가설을 검정합니다.

a. Design: 절편 + MQ.0 + Group
   개체-내 계획: Time

b. 유의성 평균검정의 자유도를 조절할 때 사용할 수 있습니다. 수정된 검정은 개체내 효과검정 표에 나타납니다.

개체-내 효과 검정

측도: MEASURE_1

소스		제 III 유형 제곱합	자유도	평균제곱	F	유의확률	부분 에타 제곱
Time	구형성 가정	.040	1	.040	7.399	.008	.079
	Greenhouse-Geisser	.040	1.000	.040	7.399	.008	.079
	Huynh-Feldt	.040	1.000	.040	7.399	.008	.079
	하한	.040	1.000	.040	7.399	.008	.079
Time * MQ.0	구형성 가정	.004	1	.004	.835	.363	.010
	Greenhouse-Geisser	.004	1.000	.004	.835	.363	.010
	Huynh-Feldt	.004	1.000	.004	.835	.363	.010
	하한	.004	1.000	.004	.835	.363	.010
Time * Group	구형성 가정	2.285	2	1.143	213.199	.000	.832
	Greenhouse-Geisser	2.285	2.000	1.143	213.199	.000	.832
	Huynh-Feldt	2.285	2.000	1.143	213.199	.000	.832
	하한	2.285	2.000	1.143	213.199	.000	.832
오차(Time)	구형성 가정	.461	86	.005			
	Greenhouse-Geisser	.461	86.000	.005			
	Huynh-Feldt	.461	86.000	.005			
	하한	.461	86.000	.005			

반복측정분산분석에서 구형성 검정을 실시하기 위해서는 반복측정 회수가 3회 이상 이어야 한다. 따라서 구형성 검정의 유의확률은 출력되지 않았다. 하지만 구형성 검정 결과를 무시하고 '개체-내 효과 검정' 결과를 살펴보면 시간, 시간과 집단의 작호작용은 유의하게 나타났으며 이는 시간의 효과가 있다는 것(시간의 경과에 따라서 정서조절능력 은 증가하고 있으며)과 시간의 경과에 따라서 정서조절능력은 증가하지만 그 증가하는 패턴은 집단에 따라서 다르다는 것('프로파일 도표'를 보면 '실험1' 집단의 증가가 다른 두 집 단에 비하여 급격하게 이루어지고 있음을 볼 수 있다)을 나타낸다. 하지만 시간과 사전점수 의 상호작용은 유의하지 않게 나타났고 이는 시간의 경과에 따른 정서조절능력의 증가 형태가 사전점수의 값과는 관계없이 이루어지고 있다는 것을 의미한다.

오차 분산의 동일성에 대한 Levene의 검정[a]

	F	자유도1	자유도2	유의확률
정서조절(사후1)	6.912	2	87	.002
정서조절(사후2)	5.013	2	87	.009

여러 집단에서 종속변수의 오차 분산이 등일한 영가설을 검정합니 다.

a. Design: 절편 + MQ.0 + Group
개체-내 계획: Time

개체-간 효과 검정

측도: MEASURE_1
변환된 변수: 평균

소스	제 III 유형 제 곱합	자유도	평균제곱	F	유의확률	부분 에타 제 곱
절편	4.232	1	4.232	53.089	.000	.382
MQ.0	5.567	1	5.567	69.827	.000	.448
Group	21.964	2	10.982	137.752	.000	.762
오차	6.856	86	.080			

사후1 점수와 사후2 점수에 대한 오차 분산의 동일성 검정 결과 유의확률이 유의수 준 .05보다 작게 나타났다. 이는 세 집단의 정서조절능력 사후1 및 사후2 점수에 대한 분산이 동일하지 않다는 것을 의미한다. 사전점수의 공변인 효과를 제거한 후 집단 효 과가 나타났지만 이러한 결과는 집단 간의 오차분산이 동일하다는 것을 가정하고 있는

반복측정분산분석의 결과이기 때문에 해석할 시에 주의를 필요로 한다는 것을 의미한다.

프로파일 도표

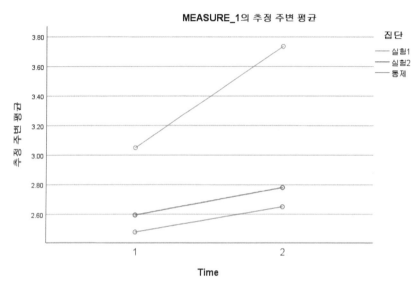

프로파일 도표를 확인하면 시간의 경과에 따라서 정서조절능력 점수는 증가하고 있으며 실험1 집단의 증가 폭이 다른 두 집단에 비하여 상대적으로 크다는 것을 시각적으로 보여주고 있다.

[연구문제 8-3] 정서조절능력은 시간이 지남에 따라서 선형적으로 증가하는가? 아니면 곡선의 형태로 증가하는가?

[연구문제 해결을 위한 통계분석 설명]

[연구문제 8-3]은 시간이 지남에 따라서 반복측정된 종속변수 값의 변화가 선형적으로 변하는지 아니면 비선형적으로 변화되는지에 관심이 있는 경우이다. 일반적으로 k번에 걸쳐서 반복측정 되었을 경우 k−1차 함수의 형태로 성장곡선의 유의성을 검증한다.

[SPSS 명령] – 공변인이 있는 반복측정분산분석

1. **분석(A)** → **일반선형모형(G)** → **반복측도(R)**을 클릭한다.

2. **재설정(R)**을 클릭한다.

3. 아래 화면과 같이 입력하고 **추가(A)**를 클릭한 후 **정의(F)**를 클릭한다.

4. 다음 화면과 같이 설정하고 **확인**을 클릭한다.

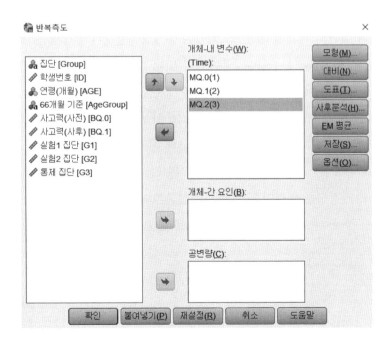

[SPSS 출력결과 및 해석] - 프로그램 효과

개체-내 대비 검정

측도: MEASURE_1

소스	Time	제 III 유형 제곱합	자유도	평균제곱	F	유의확률
Time	선형	20.953	1	20.953	127.533	.000
	이차	.003	1	.003	.274	.602
오차(Time)	선형	14.622	89	.164		
	이차	.865	89	.010		

개체-간 효과 검정

[연구문제 8-3]에서 다루는 있는 예제에서는 3회에 걸쳐서 측정되었기 때문에 1차 함수 및 2차 함수의 유의성을 살필 수 있다. 유의확률을 살펴보면 시간(Time) 효과의 선형 함수의 경우 .000로 유의하게 나타났고 이차 함수의 경우 .602로 유의수준 .05보다 크기 때문에 유의하지 않게 나타났다. 이는 시간의 경과에 따라서 정서조절능력은 직선의 형태로 증가되고 있다는 것을 의미한다.

[연구문제 7]과 [연구문제 8]과 같이 프로그램의 효과를 입증하기 위한 연구문제의 경우 적용할 수 있는 통계적 방법을 정리 할 필요가 있다. 집단별 2회 이상 반복측정된 자료를 이용하여 집단의 비교를 할 경우 적용할 수 있는 일반적인 방법은 대응표본 t-검정, 공분산분석, 반복측정분산분석, 공변인이 있는 반복측정분산분석이 있다. 하지만 대응표본 t-검정(paired t-test)의 경우 사전점수에 대한 집단의 동질성이 확보되지 못할 경우 많은 비판에 직면할 수 있으며, 반복측정분산분석 또한 사전점수에 대한 평균의 동일성이 보장되지 못할 경우 집단 또는 집단과 시기의 상호작용의 유의성을 토대로 프로그램의 효과를 주장하는 것은 잘못된 해석이다. 결론적으로 반복측정의 수가 2회일 경우에는 사전점수를 공변인으로 한 공분산분석이 최적의 모형이며, 반복측정의 수가 3회 이상인 경우에는 사전점수를 공변인으로 한 반복측정분산분석을 권장한다.

9. 척도(변수)의 정의 및 타당성

[연구문제 9] 문항 Q1~Q20은 몇 개의 요인으로 구성되어 있는가?

[연구문제 해결을 위한 통계분석 설명]

[연구문제 9]는 새로운 척도를 개발하였거나 다른 연구에서 개발되어 검증된 척도를 모집단 또는 대상이 다르게 진행되고 있는 현재의 연구에서 사용하고자 할 경우 몇 개의 요인 또는 구성개념으로부터 반영되어 나오는지를 탐색적으로 살펴보는 경우이다. 이와 같은 경우에 적용하는 방법이 탐색적 요인분석(EFA: exploratory factor analysis)이다.

[SPSS 명령] – 탐색적 요인분석

1. 파일(F)→열기(O)→데이터(D)를 클릭한다.
2. 다음 화면과 같이 Data1.sav를 선택한 후 **열기(O)**를 클릭한다.

3. 분석(A)→차원 축소(D)→요인분석(F)을 클릭한다.
4. 다음 화면과 같이 설정한다[Q1부터 Q20까지의 변수를 **변수(V):** 상자 안으로 보내기

위해서는 Q1 변수를 마우스로 클릭한 후에 Shift 키를 누른 상태에서 Q20 변수를 클릭한 다음 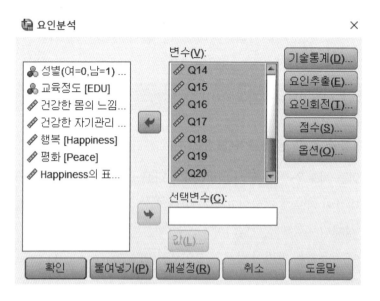을 클릭한다.

5. **기술통계(D)**를 클릭한 후 다음 화면과 같이 설정하고 **계속(C)**을 클릭한다.

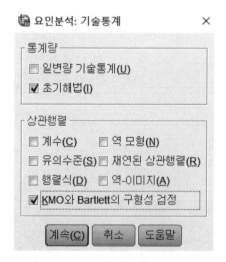

6. 요인추출(E)을 클릭한 후 다음 화면과 같이 설정하고 **계속(C)**을 클릭한다.

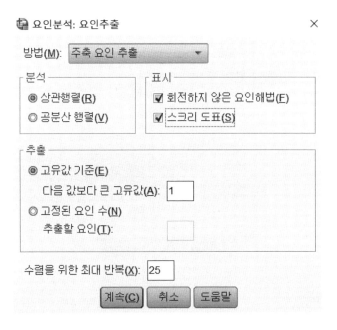

7. 요인회전(T)을 클릭한 후 다음 화면과 같이 설정하고 **계속(C)**을 클릭한다.

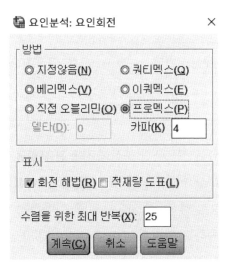

8. 옵션(O)을 클릭한 후 다음 화면과 같이 설정하고 **계속(C)**을 클릭한다.

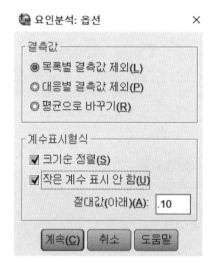

9. 확인을 클릭한다.

[SPSS 출력결과 및 해석] – 탐색적 요인분석

KMO와 Bartlett의 검정

표본 적절성의 Kaiser-Meyer-Olkin 측도.		.929
Bartlett의 구형성 검정	근사 카이제곱	15716.941
	자유도	190
	유의확률	.000

요인분석을 적용하기 위해서는 우선 분석에 사용된 문항들 간에 서로 상관관계가 있어야 된다. 문항들이 서로 상관관계를 검정하는 방법은 KMO 측도(measure)를 사용하는 방법과 Bartlett의 구형성 검정(sphericity test)을 사용하는 방법이 있다. KMO 측도가 .9 이상이면 매우 흡족하고 일반적으로 .7 이상이면 요인분석을 적용할 수 있다. Bartlett의 구형성 검정은 문항들의 상관행렬(correlation matrix)이 항등행렬(identity matrix)이라는 귀무가설(즉 문항들 간의 상관관계가 존재하지 않는다는 귀무가설)에 대한 검정을 나타낸다. 구형성 검정 결과 귀무가설이 기각되어야 요인분석을 적용하는 것이 타당하다는 것을 의미한다. [연구문제 9]에서는 KMO 측도의 값이 .931로 .9 이상이고

유의확률이 .000으로 일반적인 유의수준 .05보다 작기 때문에 두 가지 방법 모두 20개 문항들 간에 상관관계가 존재한다는 것을 나타내고 있다.

패턴 행렬[a]

	요인			
	1	2	3	4
Q4	.790			
Q5	.710			
Q3	.688			.126
Q2	.687		.108	
Q1	.614		.122	
Q6	.413			.281
Q12		.832	-.162	
Q13		.755		
Q11		.693		
Q14		.678	.168	
Q15		.678	.118	
Q18			.842	
Q16			.703	
Q17			.550	
Q20			.490	
Q19		.191	.454	
Q9	-.123			.820
Q7				.582
Q8				.510
Q10	.225			.501

추출 방법: 주축 요인추출.
회전 방법: 카이저 정규화가 있는 프로맥스.
a. 6 반복계산에서 요인회전이 수렴되었습니다.

요인추출방법으로는 주축요인추출(principal axis factoring) 방법을 사용하고 회전방법으로는 프로맥스(promax) 방법을 사용한 결과 네 개의 요인으로 나타낼 수 있음을 알 수 있다.

탐색적 요인분석을 사용할 경우 동일 요인에서 반영되어 나온 문항들은 서로 상관관계가 높아야 된다. 이를 수렴타당성(convergent validity)이라고 부른다. 탐색적 요인분석에서 수렴타당성을 확보하는 방법은 일반적으로 요인과 항목을 연결하는 요인적재(factor loading) 값이 일정한 값 이상이면 된다. 요구되는 최소 요인적재 값은 표본의 크기에 따라서 다르며 일반적으로 권장되는 요인적재 값은 〈표 3-4〉와 같다.

<表 3-4> 표본의 크기에 따른 최소 요인적재 값

표본의 크기	최소 요인적재 값
50	0.75
100	0.55
150	0.45
200	0.40
250	0.35
350	0.30

본 예제에서는 표본의 크기가 2,000 이상이기 때문에 수렴타당성을 위하여 요구되는 요인적재 값은 .3 이상이면 된다. 출력결과 모든 요인적재 값이 .3 이상임을 확인할 수 있다.

서로 다른 요인에서 반영된 문항들은 원칙적으로 상관관계가 없거나 상관관계가 있더라도 그 관계가 강하지 않아야 되며 서로 다른 요인끼리는 서로 구별될 수 있어야 한다. 이를 판별타당성(discriminant validity)이라고 부른다. 판별타당성을 확인하는 방법은 패턴행렬(pattern matrix)을 이용하는 방법과 요인 상관행렬(factor correlation matrix)을 이용하는 방법이 있다.

패턴행렬을 이용하는 방법은 특정 문항이 그 문항이 속하는 요인에 의해서 적재되는 요인적재(factor loading) 값과 그 문항이 다른 요인에 의해서 적재되는 교차적재(cross-loading) 값의 차이가 .2 이상이 되는지를 확인하는 방법이다. 앞의 '패턴 행렬' 출력결과를 살펴보면, 모든 문항은 명백히 각자의 요인에서 반영되어 나오지만 'Q6'와 'Q10'의 경우에는 그 양상을 달리하고 있다. 'Q6'의 경우 '요인1'에 적재되는 요인적재 값이 .413이고 '요인4'에 적재되는 요인적재 값이 .281이면서 그 차이가 .2 이상이 되지 못한다. 이는 'Q6'의 경우 '요인1'에서 반영되어 나온 변수로 설정할 경우 문제가 있을 수 있다는 것을 의미한다. 이와 같은 경우에는 '요인1'의 정의할 때 제거하고 정의하는 것이 일반적이다. 반면에 'Q10'의 경우 '요인4'에 적재되는 요인적재 값은 .501이고 '요인1'에 적재되는 요인적재 값은 .225로 그 차이가 .2 이상이 되는 것을 확인할 수 있다. 이는 'Q6'의 경우 '요인4'에서 반영되어 나온 변수로 설정하여도 큰 문제가 발생하지 않을 수 있다는 것을 의미한다.

요인 상관행렬

요인	1	2	3	4
1	1.000	.597	.383	.687
2	.597	1.000	.630	.580
3	.383	.630	1.000	.402
4	.687	.580	.402	1.000

추출 방법: 주축 요인추출.
회전 방법: 카이저 정규화가 있는 프로멕스.

'요인 상관행렬'을 이용하여 판별타당성을 확보하는 방법은 요인 간의 상관계수가 .7 미만이 되는 것을 확인하는 방법이다. 요인 간의 상관계수가 .707 이상일 경우 두 변수가 공유하는 분산은 50% 이상이 되며 이는 두 요인이 서로 구별될 수 있다고 판단하기에는 어려움이 있다는 것을 의미하기 때문이다. 본 예제에서는 요인 간의 모든 상관계수가 .7 미만이기 때문에 탐색적 요인분석을 통한 판별타당성이 확보되었다고 볼 수 있다.

설명된 총분산

요인	초기 고유값			추출 제곱합 적재량			회전 제곱합 적재량[a]
	전체	% 분산	누적 %	전체	% 분산	누적 %	전체
1	7.228	36.138	36.138	6.732	33.661	33.661	5.176
2	2.145	10.723	46.861	1.633	8.167	41.828	5.483
3	1.213	6.063	52.924	.733	3.667	45.495	4.102
4	1.095	5.475	58.399	.577	2.887	(48.382)	4.582
5	.935	4.675	63.074				
6	.768	3.838	66.912				
7	.701	3.504	70.416				
8	.619	3.093	73.509				
9	.556	2.778	76.287				
10	.550	2.749	79.035				
11	.504	2.520	81.555				
12	.491	2.456	84.012				
13	.463	2.313	86.324				
14	.445	2.223	88.548				
15	.435	2.177	90.725				
16	.407	2.037	92.762				
17	.400	2.000	94.762				
18	.368	1.838	96.600				
19	.352	1.761	98.361				
20	.328	1.639	100.000				

추출 방법: 주축요인추출.

a. 요인이 상관된 경우 전체 분산을 구할 때 제곱합 적재량이 추가될 수 없습니다.

탐색적 요인분석은 여러 개의 문항을 소수의 요인으로 축약하는 방법이다. 따라서 전체 문항이 가지고 있는 정보를 축약된 요인으로 어느 정도 나타내고 있는지도 탐색적 요인분석에 대한 중요한 판단 기준이다. 본 예제에서는 20개 문항이 가지고 있는 분산의 48.382% 만이 4개의 요인에 의해서 표현되고 있다는 것을 알 수 있다.

10. 척도의 신뢰도

[연구문제 10] '건강한 자기관리'와 '행복'을 정의하는 문항들은 일관되게 동 일하거나 비슷한 개념을 측정하고 있는가?

[연구문제 해결을 위한 통계분석 설명]

[연구문제 10]은 한 요인(factor)을 구성하는 문항(또는 항목)들이 일관되게 동일한 개념을 나타내고 있는 정도를 측정하는 것이다. 요인(factor) 또는 구성개념(construct)은 추상적인 개념을 나타내는 변수로 잠재변수(latent variable)라고 부르며 문항들은 실제적으로 측정 가능한 값을 나타내는 변수로 명시변수(manifest variable)라고 부른다. 잠재변수와 명시변수의 관계를 나타내는 방법은 반영적(reflective) 방법과 조형적(formative) 방법이 있다. 반영적 방법은 잠재변수로부터 명시변수가 반영되어 나온다는 것을 전제로 설정하는 방법이고, 조형적 방법은 명시변수의 조합에 의해서 잠재변수가 결정된다는 방법이다. 조형적 방법은 명시변수들이 명백하게 서로 상관관계가 없고 명시변수가 잠재변수를 야기하는 원인이라는 것이 명백할 경우에 사용할 수 있는 방법이며, 반영적 방법은 명시변수들이 서로 상관관계가 있으며 명시변수들은 잠재변수가 원인이 되어 실제적으로 측정되는 값일 경우에 사용할 수 있는 방법이다. 사회과학에서는 대부분의 경우 명시변수들이 서로 상관관계가 있기 때문에 반영적 방법을 일반적으로 사용한다.

동일한 요인(factor) 또는 구성개념(construct)으로부터 그 요인을 측정하기 위해서 사용된 문항들의 일관성을 나타내는 값을 신뢰도(reliability) 또는 내적일치도(internal consistency)라고 부르며 이는 Cronbach가 제시한 '신뢰도 계수 Alpha'를 사용한다. Cronbach의 신뢰로 계수 Alpha 값이 .7 이상이면 신뢰도가 높다고 볼 수 있다.

[SPSS 명령] – 건강한 자기관리 요인 구성 문항 신뢰도 분석

'건강한 자기관리'를 정의하는 문항은 Q6, Q7, Q8, Q9, Q10이고 '행복'을 정의하는 문항은 Q11, Q12, Q13, Q14, Q15이다.

1. 분석(A) → 척도분석(A) → 신뢰도 분석(R)을 클릭한다.

2. 다음 화면과 같이 설정한 후 **통계량(S)**을 클릭한다.

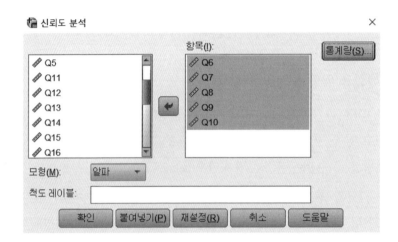

3. 다음 화면과 같이 설정한 후 **통계량(S)**을 클릭하고 **계속(C)**을 클릭한다.

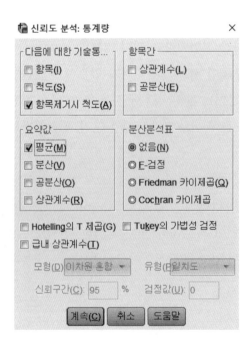

4. 확인을 클릭한다.

[출력결과 해석 및 해석] – 건강한 자기관리 요인 구성 문항 신뢰도 분석

신뢰도 통계량

Cronbach의 알파	표준화된 항목의 Cronbach의 알파	항목 수
.774	.776	5

요약 항목 통계량

	평균	최소값	최대값	범위	최대값 / 최소값	분산	항목 수
항목 평균	2.972	2.793	3.080	.287	1.103	.016	5

항목 총계 통계량

	항목이 삭제된 경우 척도 평균	항목이 삭제된 경우 척도 분산	수정된 항목-전체 상관계수	제곱 다중 상관계수	항목이 삭제된 경우 Cronbach 알파
Q6	12.07	10.705	.471	.242	.758
Q7	11.78	10.101	.596	.358	.715
Q8	11.82	10.528	.520	.286	.741
Q9	11.80	9.952	.577	.358	.722
Q10	11.98	10.901	.579	.347	.725

'건강한 자기관리(BM)'를 정의하는 5개의 항목에 대한 신뢰도분석을 시행한 결과 신뢰도는 .774로 나타났다. 각 문항과 그 문항을 제외한 다른 문항들로 정의된 척도와의 상관계수를 살펴보면 Q6 항목의 경우 .471 다는 항목에 비하여 상대적으로 낮게 나타났다. 이는 Q6 항목이 다른 항목과의 내적일치도가 떨어진다는 것을 의미한다. 또한 Q6 항목이 제거될 경우에 '건강한 자기관리'를 정의하는 항목들 간의 내적일치도가 .758로 다른 항목이 제거될 경우의 알파계수보다 크게 나타난 것과 일치되는 결과이다. 이는 요인분석 결과 요인1을 구성하는 문항 중 Q6 문항이 요인1과 요인4에 해당되는 요인적재 값의 차가 .2 미만인 결과와도 일치되는 결과이다.

[SPSS 명령] – 행복 요인 구성 문항 신뢰도 분석

1. 분석(A) → 척도분석(A) → 신뢰도 분석(R)을 클릭한다.
2. 재설정(R)을 클릭한다.
3. 다음 화면과 같이 설정한 후 **통계량(S)**을 클릭한다.

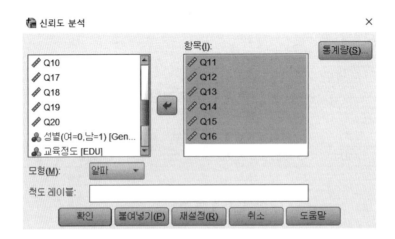

4. 다음 화면과 같이 설정한 후 **계속(C)**을 클릭한다.

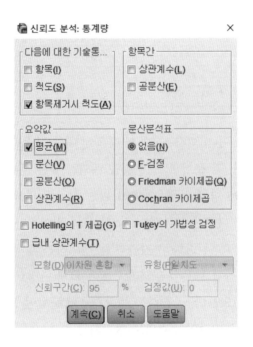

5. **확인**을 클릭한다.

[출력결과 해석 및 해석] – 행복 요인 구성 문항 신뢰도 분석

신뢰도 통계량

Cronbach의 알파	표준화된 항목의 Cronbach의 알파	항목 수
.860	.859	6

요약 항목 통계량

	평균	최소값	최대값	범위	최대값 / 최소값	분산	항목 수
항목 평균	3.584	3.422	3.784	.362	1.106	.019	6

항목 총계 통계량

	항목이 삭제된 경우 척도 평균	항목이 삭제된 경우 척도 분산	수정된 항목-전체 상관계수	제곱 다중 상관계수	항목이 삭제된 경우 Cronbach 알파
Q11	18.03	12.527	.686	.491	.830
Q12	18.08	12.634	.635	.460	.840
Q13	17.92	12.808	.708	.514	.827
Q14	17.79	12.716	.721	.532	.824
Q15	17.97	12.630	.690	.480	.829
Q16	17.72	14.442	.472	.262	.866

'행복(Happiness)'을 정의하는 5개의 항목에 대한 신뢰도분석을 시행한 결과 신뢰도는 .860으로 나타났다. 각 문항과 그 문항을 제외한 다른 문항들로 정의된 척도와의 상관계수를 살펴보면 그 값이 현저하게 낮은 항목이 발견되지 않는다. 또한 특정 항목이 제거될 경우에 '행복'를 정의하는 항목들 간의 내적일치도는 모두 .8 이상으로 큰 차이가 없게 나타난 것과 일치되는 결과이다.

11. 척도의 정규성

'행복' 척도는 정규분포를 따르는가?

[연구문제 해결을 위한 통계분석 설명]

탐색적 요인분석을 통하여 문항들을 소수의 요인으로 축약한 후에 각 요인에 의해서 반영되는 문항들을 인식한 후 다음 단계의 분석으로 넘어갈 수 있다. 다음 단계에서 할 수 있는 일반적인 분석방법은 다중회귀모형을 이용한 분석과 구조방정식모형을 이용한 분석이 있다. 구조방정식모형을 이용한 분석은 잠재변수(latent variable)인 요인으로부터 반영되어 나오는 문항을 명시변수(manifest variable)로 설정하여 연구자의 연구모형을 구조방정식모형 시스템으로 간주하여 분석하는 방법으로 측정오차(measurement error)가 있다는 것을 수용하면서 여러 개의 다중회귀분석을 동시에 진행하는 방법으로 사회과학분야에서 고급분석을 위한 방법으로 많이 쓰이고 있다. 다중회귀분석을 이용하는 방법은 종속변수의 변동을 설명하기 위하여 유의한 독립변수를 찾아내는 방법이지만 측정오차가 없다는 것을 전제로 하고 있고 독립변수 간의 독립성을 가정하고 있다는 측면에서 해석이 제한적일 수밖에 없지만 전통적으로 많이 사용되어 온 방법이다.

전통적인 통계모형을 이용하여 분석을 실시하기 위해서는 오차항의 정규성 또는 종속변수의 정규성을 가정하는 경우가 많다. 따라서 통계분석을 실시하기 전에 해당 척도의 정규성을 검정하거나 분석 후 오차(error)위 추정치인 잔차(residual)에 대한 정규성을 검정하여 특정 모형을 사용하여 분석한 결과가 그 특정 모형의 적용을 위해서 가정한 오차의 정규성을 위반하지 않았다는 것을 확인하여야 한다.

'행복(Happiness)'은 Q11, Q12, Q13, Q14, Q15 다섯 개의 문항에 대한 평균으로 정의되었다. [연구문제 11]은 명시변수로 정의된 척도 또는 변수가 정규분포를 따르는지를 검정하는 것이다.

[SPSS 명령] – 정규성 검정

1. 분석(A) → 기술통계량(E) → 데이터 탐색(E)을 클릭한다.

2. 다음 화면과 같이 설정하고 **도표(T)**를 클릭한다.

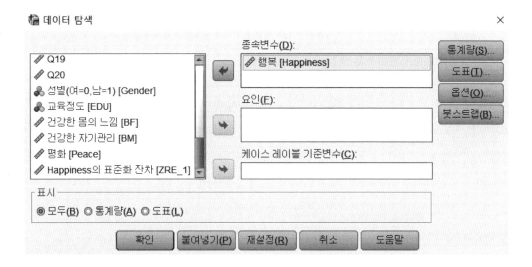

3. 다음 화면과 같이 설정한 후 **계속(C)**을 클릭하고 **확인**을 클릭한다.

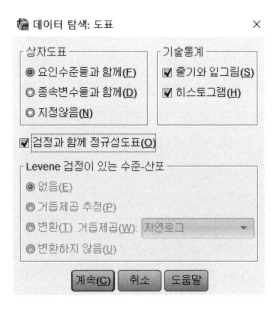

[SPSS 출력결과 및 해석] - 정규성 검정

정규성 검정

	Kolmogorov-Smirnov[a]			Shapiro-Wilk		
	통계량	자유도	유의확률	통계량	자유도	유의확률
행복	.119	1946	.000	.965	1946	.000

a. Lilliefors 유의확률 수정

일반적으로 표본의 크기가 50 미만일 경우 Shapiro-Wilk 방법이 권장된다. 예제 데이터의 경우 표본의 크기가 1946이기 때문에 행복(Happiness) 척도가 정규분포를 따른다는 귀무가설에 대한 검정결과는 Kolmogorov-Smirnov 방법의 유의확률을 살펴보면 된다. 그 결과 유의확률이 .000으로 일반적인 유의수준 .05보다 작게 나타났다. 이는 '행복' 척도에 대하여 정규분포를 가정할 수 없으며 정규분포를 가정하고 있는 분석방법을 사용할 경우 그 해석에 주의를 요한다는 것을 의미한다.

SPSS에서 제공하는 정규성 검정 방법에 의하여 데이터가 정규분포를 따른다는 귀무가설을 채택할 근거가 미약할 경우, 대안적인 분석방법을 고려하기 전에 왜도(skewness)와 첨도(kurtosis)를 이용하여 정규성을 검정하는 방법도 있다. 이 방법은 정규분포를 따르는 데이터로부터 구한 왜도와 첨도는 표본의 크기가 클 경우 근사적으로 정규분포를 따른다는 이론적인 결과를 바탕으로 하고 있으며, 그 방법은 표본의 크기에 따른 왜도와 첨도의 신뢰하한과 신뢰상한을 이용한다[Snedecor & Cochran(1980), Statistical Methods, p492 참조]. 왜도는 0을 중심으로 대칭적이며, 첨도의 경우 비대칭적인 분포이지만 표본의 크기가 커짐에 따라서 0을 중심으로 대칭적인 분포로 수렴한다. 표본의 크기와 유의수준에 따른 왜도의 신뢰하한과 첨도의 신뢰하한 및 신뢰상한은 〈표 3-5〉와 같다.

SPSS 출력결과에서 제공되는 왜도와 첨도의 표준오차를 이용할 수도 있다. 그 방법은 표본으로부터 구한 왜도(또는 첨도)에 표준오차의 1.96배를 더하고 뺀 값이 0을 포함하고 있는지를 토대로, 0을 포함하면 정규분포의 왜도(또는 첨도)와 같은 값을 가지고 있기 때문에 정규분포를 가정할 수 있다는 시각이다.

〈표 3-5〉 표본의 크기에 따른 왜도의 신뢰상한과 첨도의 신뢰하한 및 신뢰상한

n	왜도(skewness)		첨도(kurtosis)			
	5%	1%	하한 5%	하한 1%	상한 5%	하한 1%
50	.533	.787	−.85	−1.05	.99	1.88
100	.389	.567	−.65	−.82	.77	1.39
150	.321	.464	−.55	−.71	.65	1.13
200	.280	.403	−.49	−.63	.57	.98
250	.251	.360	−.45	−.58	.52	.87
300	.230	.329	−.41	−.54	.47	.79
350	.213	.305	−.38	−.50	.44	.72
400	.200	.285	−.36	−.48	.41	.67
450	.188	.269	−.34	−.45	.39	.63
500	.179	.255	−.33	−.43	.37	.60

기술통계

			통계량	표준화 오류
행복	평균		3.544	.0172
	평균의 95% 신뢰구간	하한	3.510	
		상한	3.578	
	5% 절사평균		3.558	
	중위수		3.600	
	분산		.578	
	표준화 편차		.7601	
	최소값		1.0	
	최대값		5.0	
	범위		4.0	
	사분위수 범위		1.0	
	왜도		-.414	.055
	첨도		-.087	.111

예제 데이터에서 표본의 크기는 1946이기 때문에 〈표 3-5〉에서 표본의 크기가 500인 경우를 보면 된다. 왜도의 95% 신뢰구간은 $(-0.179, 0.179)$이고, 첨도의 신뢰구간은 $(-0.33, 0.37)$로 계산된다. SPSS 출력결과 행복(Happiness)에 대한 왜도는 -0.414이고 첨도는 -0.087로 계산되기 때문에 왜도의 경우 정규분포와 다른 형태의 특성을 보이지만, 첨도의 경우 정규분포의 특성을 보이는 것으로 판단된다. 이는 '행복' 데이터가 비대칭성을 나타내고 있다는 의미이다.

또한 출력결과에서 제공된 왜도와 첨도, 그리고 표준오차를 이용하여 왜도와 첨도의 95% 신뢰구간을 구하면, 왜도의 경우 $-0.414 \pm 1.96 \times 0.055 = (-0.52, -0.31)$으로 0을 포함하고 있지 않으며, 첨도의 경우 $-0.087 \pm 1.96 \times 0.111 = (-0.30, 0.13)$으로 0을 포함하고 있다. 이는 왜도의 경우 정규분포와 다른 형태의 특성을 보이지만, 첨도의 경우 정규분포의 특성을 보이는 것으로 판단되며, 앞의 결과와 동일한 결과를 얻었다.

SPSS에서 제공하는 Kolmogorov-Smirnov 방법, Shapiro-Wilk 방법, 왜도와 첨도를 이용하는 방법으로도 정규성을 통과하지 못하는 경우에 연구자가 취할 수 있는 방법은 제한적이다. 정규성을 통과하지는 못하였다는 것을 분명히 밝히고 연구의 한계로 언급하여야 한다. 대안적으로는 데이터를 함수변환하여 정규분포를 따르도록 변환한 데이터를 이용하거나 비모수적인 방법을 사용할 수 있다.

연속형 종속변수가 정규분포를 따르지 않을 경우 종속변수를 변수 변환하여 정규분포를 따르도록 만드는 방법이 있다. 대표적인 방법은 박스-칵스 변환(Box-Cox Transformation) 방법이다. 이에 대한 자세한 내용은 이 교재에서는 다루지 않고 있다.

연속형 종속변수에 대한 집단 비교를 위한 비모수적인 방법으로는 둘 이하의 집단 비교를 위한 윌콕슨순위합 검정(Wilcoxon Signed-Rank Test) 방법과 셋 이상의 집단 비교를 위한 크루스칼-왈리스 검정(Kruskal-Wallis Test), 프리드만 검정(Friedman's Test) 방법 등이 있지만 이 또한 이 교재에서는 다루지 않는다.

12. 동질성 검정과 독립성 검정

[연구문제 8] 실험1/실험2/통제 집단의 유아들의 연령분포는 동질적인가?

[연구문제 해결을 위한 통계분석 설명]

독립성 검정과 동질성 검정의 일반적인 차이는 표본을 구하는 방법에 따라서 결정이된다. 일반적으로 연구를 진행하기 위해서 전체 표본의 크기가 정해진 다음 확률표본추출 방법으로 데이터가 수집이 되었을 경우에는 독립성 검정이라고 부르며, 전체 표본의 크기보다는 행 변수(또는 열 변수)의 크기를 정한 다음, 각 행 변수(또는 열 변수)의 각 수준에 해당되는 모집단으로부터 확률표본추출이 진행 되었을 경우에는 동질성 검정이라고 부른다. 조사연구에서 동질성/독립성 검정을 사용하는 경우는 모집단으로부터 표본이 편중되지 않고 골고루 추출되었다는 것을 입증하기 위한 방법으로 사용되는 경우가 많으며, 실험연구에서는 실험집단, 비교집단, 통제집단을 구성하고 있는 연구대상의 인구통계적 특성이 차이가 없다는 것을 입증하여, 공정한 비교가 진행되고 있다고 주장하기 위한 목적으로 사용되는 경우가 많다. 독립성/동질성 검정을 위한 검정통계량은 카이제곱(χ^2) 통계량으로 자유도가 $(I-1)(J-1)$인 카이제곱 분포를 따른다.

실험연구 데이터인 Data2의 경우 각 집단별로 30명씩 추출하여 조사를 진행하였기 때문에 귀무가설은 집단별 유아의 연령분포가 동질하기 때문에 프로그램 효과 거증을 위한 공정한 비교가 진행되고 있다는 것을 주장하기 위한 목적으로 사용될 수 있다.

12.1 분할표를 이용한 동질성 검정

실험1 집단, 실험2 집단, 통제집단이 유아의 연령적인 측면에서 동질적이라는 주장을 할 경우 프로그램 비교를 위한 집단변수(Group)와 연령에 의한 집단변수(AgeGroup)이 범주형 데이터이기 때문에 분할표를 이용한 카이제곱 검정을 할 수 있다.

[SPSS 명령] – 분할표를 이용한 독립성/동질성 검정

1. 분석(A) → 기술통계량(E) → 교차분석(C)을 클릭한다.

2. 다음 화면과 같이 설정하고 **통계량(S)**을 클릭한다.

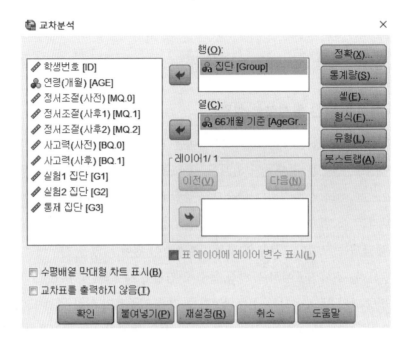

3. 다음 화면과 같이 설정하고 **계속(C)**을 클릭한다.

4. 셀(E)을 클릭한 후 다음과 같이 설정한다.

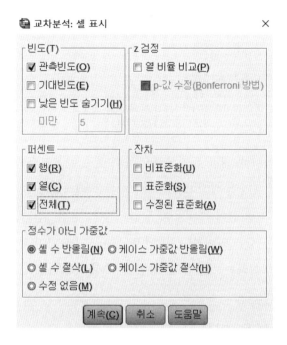

5. 계속(C)을 클릭한 후 **확인**을 클릭한다.

[SPSS 출력결과 및 해석] – 분할표를 이용한 독립성/동질성 검정

집 단 * 66개월 기준 교차표

			66개월 기준		전체
			Age High	Age Low	
집단	실험1	빈도	19	11	30
		집단 중 %	63.3%	36.7%	100.0%
		66개월 기준 중 %	36.5%	28.9%	33.3%
		전체 중 %	21.1%	12.2%	33.3%
	실험2	빈도	20	10	30
		집단 중 %	66.7%	33.3%	100.0%
		66개월 기준 중 %	38.5%	26.3%	33.3%
		전체 중 %	22.2%	11.1%	33.3%
	통제	빈도	13	17	30
		집단 중 %	43.3%	56.7%	100.0%
		66개월 기준 중 %	25.0%	44.7%	33.3%
		전체 중 %	14.4%	18.9%	33.3%
전체		빈도	52	38	90
		집단 중 %	57.8%	42.2%	100.0%
		66개월 기준 중 %	100.0%	100.0%	100.0%
		전체 중 %	57.8%	42.2%	100.0%

카이제곱 검정

	값	자유도	근사 유의확률 (양측검정)
Pearson 카이제곱	3.917[a]	2	.141
우도비	3.906	2	.142
유효 케이스 수	90		

a. 0 셀 (0.0%)은(는) 5보다 작은 기대 빈도를 가지는 셀입니다. 최소 기대빈도는 12.67입니다.

카이제곱 검정 통계량에 대한 유의확률은 .141로 일반적인 유의수준 .05보다 크다. 따라서 집단별 연령분포가 동질적이라는 귀무가설을 채택한다. 이는 생후 66개월 이하인 유아와 66개월 초과된 유아의 비율이 실험1 집단, 실험2 집단, 통제집단 간에 차이가 발견되지 않는다는 것을 의미한다. 이러한 결과는 연구자가 유아의 연령 분포 측면에서 세 집단은 동질적이라는 주장을 할 경우 그 주장의 근거로 이용될 수 있다.

12.2 분산분석을 이용한 동질성 검정

앞의 예에서는 세 집단이 유아의 연령 측면에서 동질적이라는 것을 입증하기 위하여 유아를 연령에 따라서 66개월 이하인 집단과 66개월 초과되는 집단으로 양분하였다. 하지만 유아의 경우 동일한 5~6세라고 하더라도 발달 과정이 하루가 다르게 변하기 때문에 66개월을 기준으로 두 집단으로 나누는 것은 무리가 있다. 따라서 실험을 위한 세 집단을 좀 더 공정하게 비교하기 위해서는 유아의 연령(개월) Age를 이용하는 것이 타당하다. 이 경우 유아의 연령(개월)을 연속형 변수로 간주할 수가 있기 때문에, 세 집단의 평균의 동일성 검정을 위해서는 분산분석(analysis of variance)을 하여야 한다.

[SPSS 명령] – 분산분석을 이용한 독립성/동질성 검정

1. 분석(A) → 일반선형모형(G) → 일변량(U)을 클릭한다.
2. 다음 화면과 같이 설정하고 **사후분석(H)**을 클릭한다.

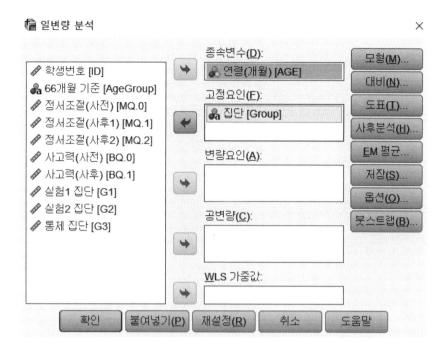

3. 다음 화면과 같이 설정하고 **계속(C)**을 클릭한다.

4. 옵션(O)을 클릭한 후 다음 화면과 같이 설정한다.

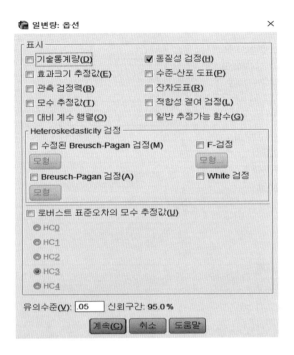

5. 계속(C)을 클릭한 후 **확인**을 클릭한다.

[SPSS 출력결과 및 해석] – 분산분석을 이용한 독립성/동질성 검정

개체-간 효과 검정

종속변수: 연령(개월)

소스	제 III 유형 제곱합	자유도	평균제곱	F	유의확률
수정된 모형	631.756[a]	2	315.878	12.889	.000
절편	398934.044	1	398934.044	16277.677	.000
Group	631.756	2	315.878	12.889	.000
오차	2132.200	87	24.508		
전체	401698.000	90			
수정된 합계	2763.956	89			

a. R 제곱 = .229 (수정된 R 제곱 = .211)

세 집단(Group)의 평균연령이 동일하다는 귀무가설에 대한 유의확률은 .000으로 귀무가설이 기각된다. 따라서 세 집단의 평균연령이 동일하다고는 볼 수 없다.

오차 분산의 동일성에 대한 Levene의 검정[a,b]

		Levene 통계량	자유도1	자유도2	유의확률
연령(개월)	평균을 기준으로 합니다.	19.245	2	87	.000
	중위수를 기준으로 합니다.	16.890	2	87	.000
	자유도를 수정한 상태에서 중위수를 기준으로 합니다.	16.890	2	61.676	.000
	절삭평균을 기준으로 합니다.	19.243	2	87	.000

여러 집단에서 종속변수의 오차 분산이 동일한 영가설을 검정합니다.

a. 종속변수: 연령(개월)

b. Design: 절편 + Group

세 집단의 오차 분산이 동일한지에 대한 가설검정 결과를 보면 유의확률이 .000으로 세 집단의 오차 분산이 동일하다는 귀무가설이 기각된다. 오차 분산이란 종속변수 연령(Age)을 설명하기 위한 설명변수로 집단(Group)이 도입된 일원분산분석 모형의 오차에 대한 분산으로 이는 종속변수 연령의 분산과 같다. 평균의 동일성에 대한 결과와 분산의 동일성에 대한 결과 모두 기각이 되었기 때문에 세 집단이 연령 측면에서 동질적이라는 주장은 그 근거가 없다고 볼 수 있다.

사후검정

집단

다중비교

종속변수: 연령(개월)

	(I) 집단	(J) 집단	평균차이(I-J)	표준오차	유의확률	95% 신뢰구간 하한	95% 신뢰구간 상한
Scheffe	실험1	실험2	.23	1.278	.983	-2.95	3.42
		통제	5.73*	1.278	.000	2.55	8.92
	실험2	실험1	-.23	1.278	.983	-3.42	2.95
		통제	5.50*	1.278	.000	2.32	8.68
	통제	실험1	-5.73*	1.278	.000	-8.92	-2.55
		실험2	-5.50*	1.278	.000	-8.68	-2.32
Tamhane	실험1	실험2	.23	.901	.992	-1.98	2.45
		통제	5.73*	1.429	.001	2.18	9.29
	실험2	실험1	-.23	.901	.992	-2.45	1.98
		통제	5.50*	1.431	.001	1.94	9.06
	통제	실험1	-5.73*	1.429	.001	-9.29	-2.18
		실험2	-5.50*	1.431	.001	-9.06	-1.94

관측평균을 기준으로 합니다.

오차항은 평균제곱(오차) = 24.508입니다.

*. 평균차이는 .05 수준에서 유의합니다.

세 집단의 평균이 동일하다는 귀무가설이 기각되기 때문에 사후분석을 통하여 그 구체적인 내용을 살펴보아야 한다. 오차 분산의 동일성이 기각되어 집단 간 종속변수의 등분산성을 가정할 수가 없기 때문에 등분산을 가정하지 않는 경우의 Tamhane 결과를 살펴보면, 실험1 집단과 실험2 집단의 평균의 차이는 .23(유의확률 .992)이고, 평균차이에 대한 95% 신뢰구간은 (−1.98, 2.45)로 숫자 '0'을 포함하고 있다. 이는 실험1 집단과 실험2 집단은 평균의 차이가 없다는 것을 의미한다. 반면에 실험2 집단과 통제집단의 평균의 차이는 5.50(유의확률 .001)이고, 평균의 차이에 대한 95% 신뢰구간은 (1.94, 9.06)으로 모두 숫자 '0'보다 크다. 이는 실험2 집단의 평균연령이 통제집단의 평균연령보다 높다는 것을 의미한다. 따라서 세 집단은 연령의 평균과 분산의 측면에서 동질적이라고 볼 수 없다. 이러한 결과는 AgeGroup 변수를 이용하여 주장한 집단의 연령분포가 동질적이라는 결과와는 다른 결과이다.

정보적인 측면에서 연령(개월) 변수가 연령집단 변수보다는 좀 더 많은 정보를 포함하고 있으며, 유아의 발달적인 측면에서도 1~2 개월의 차이는 크기 때문에 유아의 연령을 66개월 이하와 66개월 초과로 구분하여 동질성 검정을 하는 것보다는 연령(개월)을 연속형 변수로 간주하여 분산분석을 통한 동질성 검정을 하는 것이 보다 합리적이다. 이에 대한 선택은 연구자의 연구의식에 대한 문제이며, 비합리적인 선택을 할 경우에도 투고하는 학회지의 수준에 따라서 심사위원이 이러한 관점을 지적할 경우 그에 대한 답변 논리는 일천할 것이다.

매개효과 및 조절효과 분석

1. 매개효과 분석
2. 조절효과 분석

1. 매개효과 분석

    매개변수란 독립변수가 종속변수에 영향을 미치는 관계에 있어서 중간에서 중계자 역할을 하는 제 삼의 변수이다. 매개변수는 부분매개변수와 완전매개변수가 있다. 독립변수가 종속변수에 직접적으로 영향을 미치면서, 매개변수를 통하여 간접적으로 영향을 미치는 경우(독립변수가 매개변수에 직접적으로 영향을 미치고, 매개변수가 종속변수에 직접적으로 영향을 미치는 경우)의 매개변수를 부분매개변수라고 부르며, 독립변수가 종속변수에 직접적으로 영향을 미치지는 않지만, 매개변수를 통하여 간접적으로 영향을 미치는 경우(독립변수가 매개변수에 직접적으로 영향을 미치고, 매개변수가 종속변수에 직접적으로 영향을 미치는 경우)의 매개변수를 완전매개변수라고 부른다. 독립변수, 부분매개변수, 종속변수의 관계를 나타내는 모형을 부분매개모형이라고 부르며, 독립변수, 완전매개변수, 종속변수의 관계를 나타내는 모형을 완전매개모형이라고 부른다. 부분매개모형과 완전매개모형은 [그림 4-1]과 같다.

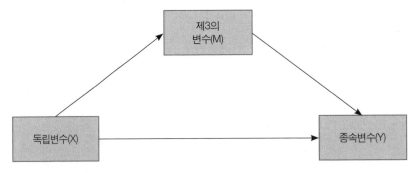

[그림 4-1] 독립변수, 종속변수, 매개변수의 관계

    매개변수의 효과인 매개효과를 분석하는 일반적인 방법은 Baron & Kenny 방법과 경로분석을 이용하는 방법 두 가지가 있다. Baron & Kenny 방법은 매개효과에 초점을 둔 논문을 작성하는 경우에 주로 사용되고 있으며, 경로분석을 이용하는 방법은 독립변수(들), 매개변수(들), 종속변수(들)의 구조적 관계에 초점을 둔 논문을 작성하는 경

우에 주로 사용되고 있다. Baron & Kenny 방법은 SPSS를 사용하면 되고, 경로분석 방법은 AMOS를 사용하면 된다. 이 교재에서는 Baron & Kenny 방법만을 다루고 있다.

1.1 | Baron & Kenny 방법에 의한 매개효과 검증 방법

독립변수(X)와 종속변수(Y)의 관계에 있어서 제 삼의 변수 M이 매개변수로 인정받기 위해서는 완전매개변수 또는 부분매개변수 여부에 관계없이 독립변수가 M 변수에 영향을 미치는 경우에만 가능하다. 따라서 첫 단계에서 검증하여야 할 사항은 독립변수가 M 변수에 미치는 영향의 유의성($M = f_1 + a \cdot X + \varepsilon$에서 a의 유의성)이고, 두 번째 단계에서는 독립변수가 종속변수에 미치는 영향의 유의성($Y = f_2 + b \cdot X + \varepsilon$에서 b의 유의성)이 검증되어야 한다. 세 번째 단계에서는 독립변수와 M 변수를 설명변수(explanatory variable)로 설정하고, 종속변수를 반응변수(response variable)로 설정한 다중회귀모형(multiple regression model, $Y = f_3 + c \cdot M + c \cdot X + \varepsilon$)에 대한 분석을 통하여 독립변수와 M 변수가 종속변수에 미치는 영향력의 유의성이 두 번째 단계와 비교해서 어떻게 변하는지를 살펴보아야 한다. 이 세 번째 단계에서의 유의성 결과는 세 가지 경우가 가능하다. 그 세 가지 경우는 1) 독립변수와 M 변수 모두 종속변수에 미치는 영향력이 유의하게 나타나는 경우, 2) 독립변수가 종속변수에 미치는 영향력만이 유의하게 나타나는 경우, 3) M 변수가 종속변수에 미치는 영향력만이 유의하게 나타나는 경우이다. 여기서, 2) 독립변수가 종속변수에 미치는 영향력만이 유의하게 나타나는 경우에는 M 변수가 종속변수에 미치는 영향력이 없기 때문에 M 변수를 매개변수로 볼 수 없는 경우이고, 1)의 경우는 독립변수와 종속변수의 관계에서 독립변수가 종속변수에 직접적인 영향을 미치는 것과 더불어 M 변수를 통하여 종속변수에 간접적으로 영향을 미치고 있기 때문에 M 변수는 부분매개변수 역할을 하는 부분매개모형(partial mediation model)을 나타내는 경우이며, 3)의 경우는 독립변수와 종속변수의 관계에서 제 삼의 변수 M의 도입으로 독립변수가 종속변수에 미치는 영향이 없어지고 독립변수가 종속변수에 미치는 영향은 오직 M 변수를 통하여 간접적으로만 가능하기 때문에 M 변수가 독립변수와 종속변수의 관계에서 완전매개변수 역할을 하는 완전매개모형(full mediation model)을 나타내는 경우이다. 이를 정리하면 〈표 4-1〉과 같다.

〈표 4-1〉 매개효과 검증을 위한 Baron & Kenny 방법: 3단계

단계	통계모형	분석방법	매개변수의 조건
1	$M = f_1 + a \cdot X + \varepsilon$	단순선형회귀분석	• a의 유의성
2	$Y = f_2 + b \cdot X + \varepsilon$	단순선형회귀분석	• b의 유의성
3	$Y = f_3 + c \cdot M + d \cdot X + \varepsilon$	다중선형회귀분석	• c, d 모두 유의한 경우: 부분매개모형 • c만 유의한 경우: 완전매개모형 • d만 유의한 경우: 매개모형이 아님

매개효과를 검증하기 위한 독립변수와 종속변수의 단순선형회귀모형($Y = f_2 + b \cdot X + \varepsilon$)을 그림으로 표현하면 [그림 4-2]와 같다. 그림에서 절편이 표현되지 않은 이유는 매개효과 검증을 위해서 필요한 회귀계수는 기울기를 나타내는 b가 중요한 정보이기 때문이다. 이 기울기 b는 독립변수가 종속변수에 미치는 영향력의 크기로 직접효과(direct effect)라고 부른다.

[그림 4-2] 단순선형회귀모형: 독립변수의 직접효과

우리가 일반적으로 다루고 있는 모형인 독립변수와 종속변수의 관계에 대한 선형모형의 경우, 독립변수가 종속변수에 미치는 영향력의 크기는 독립변수가 직접적으로 종속변수에 미치는 영향력의 크기인 직접효과(direct effect)와 독립변수가 매개변수를 통하여 간접적으로 종속변수에 미치는 영향력의 크기인 간접효과(indirect effect)로 구분이 되며, 이 두 효과의 합을 총 효과(total effect)라고 부른다. 직접효과와 간접효과의 크기는 완전매개모형(full mediation model)이냐 부분매개모형(partial mediation model)이냐에 따라서 다르게 나타난다.

독립변수가 종속변수에 미치는 영향인 총 효과가 간접효과로만 이루어진 완전매개모형은 [그림 4-3]과 같다. 완전매개모형에서 직접효과는 0이고, 간접효과는 두 개의 단순선형회귀모형에서 추정된 회귀계수 a와 c의 곱인 a·c와 같다. 따라서 완전매개모형

에서 총 효과는 a·c이다.

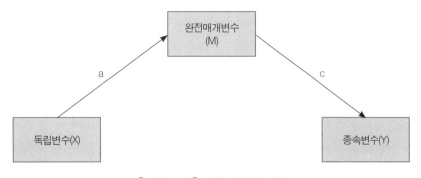

[그림 4-3]   완전매개모형

　독립변수가 종속변수에 미치는 영향인 총 효과가 직접효과와 간접효과로 이루어진 부분매개모형은 [그림 4-4]와 같다. 부분매개모형에서 직접효과는 다중회귀모형에서 추정된 회귀계수 d이고, 간접효과는 단순회귀모형에서 추정된 회귀계수 a와 다중회귀모형에서 추정된 회귀계수 c의 곱인 a·c와 같다. 따라서 부분매개모형의 총 효과는 d + a·c인 관계가 성립된다. 여기서 완전매개모형에서의 c값과 부분매개모형에서의 c값은 설명의 편의를 위해서 동일한 기호로 나타내고 있지만 일반적으로 서로 다른 값이다.

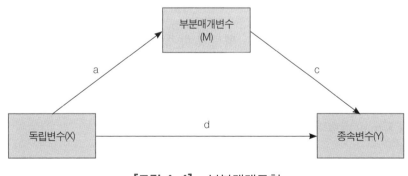

[그림 4-4]   부분매개모형

　매개효과를 검증한다는 것은 그 모형의 종류에 관계없이 간접효과 a · c의 통계적인 유의성을 검정한다는 것이며, 이는 추정된 회귀계수의 근사적 다변량 정규분포에 바탕을 둔 Sobel 검정을 사용한다. 추정된 간접효과 $a \cdot c$(회귀모형에서 회귀계수는 추정을 하여야 할 모수(parameter)이고, 이를 추정한 회귀계수 값은 통계량으로 확률변수이다. 이 교재에서는 설명의 편의를 위해서 모수와 통계량을 구분하지 않고 혼용하고 있다)는 이론적으로 정규분포를 따르며, 그에 대한 표준오차(standard error)는 $\sqrt{c^2 s_a^2 + a^2 s_c^2 + s_a^2 s_c^2}$으로 계산된다. 여기서, s_a^2은 독립변수와 매개변수에 대한 단순선형회귀모형($M = f_1 + a \cdot X + \varepsilon$)으로부터 구한 비표준화 계수 a의 표준오차이고, s_c^2은 매개변수와 종속변수에 대한 단순선형회귀모형($Y = f_3 + c \cdot M + \varepsilon$) 또는 독립변수, 매개변수와 종속변수에 다중회귀모형($Y = f_3 + c \cdot M + d \cdot X + \varepsilon$)으로부터 구한 비표준화 계수 c의 표준오차이다. 일반적으로 $s_a^2 s_c^2$의 값은 상대적으로 무시할 정도로 작은 값이기 때문에 계산하지 않는 경우가 많다. 하지만 그 값이 상대적으로 무시할 정도가 아니라면 반드시 정확한 계산 방법으로 하는 것이 좋을 것이다. 결론적으로 간접효과 $a \cdot c$의 통계적인 유의성 검정은 다음과 같이 진행한다.

1) 귀무가설: 매개효과가 없다($H_0 : a \cdot c = 0$)
2) 귀무가설에서의 검정통계량의 값 T_0를 구한다.

$$T_0 = \frac{a \cdot c}{\sqrt{c^2 s_a^2 + a^2 s_c^2 + s_a^2 s_c^2}}$$

3) $|T_0| > 1.96$이면 귀무가설을 기각하여 매개효과에 대한 증거가 있다고 결론
　 $|T_0| < 1.96$이면 귀무가설을 채택하여 매개효과에 대한 증거가 없다고 결론

[건강한 자기관리와 평화의 관계 – 행복의 매개효과]

Data1에서 건강한 자기관리(BM)가 평화(Peace)에 영향을 미치는 관계에서 행복(Happiness)이 매개변수 역할을 하는지 살펴보고자 한다. 행복의 매개효과 검증을 위한 Baron & Kenny 방법의 3단계 모형은 다음과 같다.

1단계: 건강한 자기관리와 행복의 단순회귀모형(Happiness = f_1 + $a \cdot$ BM + ε)
2단계: 건강한 자기관리와 평화의 단순회귀모형(Peace = f_2 + $b \cdot$ BM + ε)
3단계: 건강한 자기관리와 행복을 설명변수로 하는 평화에 대한 다중회귀모형
　　　(Peace = f_3 + $c \cdot$ Happiness + $d \cdot$ BM + ε)

[SPSS 명령] – 1단계: 단순회귀모형 Happiness $= f_1 + a \cdot BM + \varepsilon$

1. 분석(A) → 회귀분석(R) → 선형(L)을 클릭한다.

2. 아래 화면과 같이 설정하고 **확인**을 클릭한다.

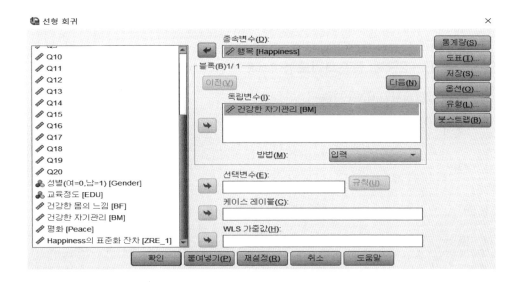

[SPSS 출력결과 및 해석] – 1단계: 단순회귀모형 Happiness $= f_1 + a \cdot BM + \varepsilon$

모형 요약

모형	R	R 제곱	수정된 R 제곱	추정값의 표준 오차
1	.519[a]	.270	.269	.6497

a. 예측자: (상수), 건강한 자기관리

ANOVA[a]

모형		제곱합	자유도	평균제곱	F	유의확률
1	회귀	302.995	1	302.995	717.791	.000[b]
	잔차	820.604	1944	.422		
	전체	1123.600	1945			

a. 종속변수: 행복
b. 예측자: (상수), 건강한 자기관리

계수[a]

모형		비표준화 계수		표준화 계수	t	유의확률
		B	표준화 오류	베타		
1	(상수)	2.051	.058		35.587	.000
	건강한 자기관리	.502	.019	.519	26.792	.000

a. 종속변수: 행복

분산분석표(ANOVA table)를 살펴보면 건강한 자기관리(BM)를 설명변수로 하는 행복(Happiness)에 대한 단순선형회귀모형에 대한 유의확률은 .000으로 통계적으로 유의하며, 모형의 설명력은 27.0% 임을 알 수 있다. 아울러, 건강한 자기관리(BM)가 행복(Happiness)에 미치는 직접효과의 크기인 비표준화 계수 B는 .502이고, 그에 대한 표준오차(standard error)는 .019임을 알 수 있다.

[SPSS 명령] – 2단계: 단순회귀모형 Peace $= f_2 + b \cdot BM + \varepsilon$

1. 분석(A) → 회귀분석(R) → 선형(L)을 클릭한다.
2. 아래 화면처럼 설정하고 **확인**을 클릭한다.

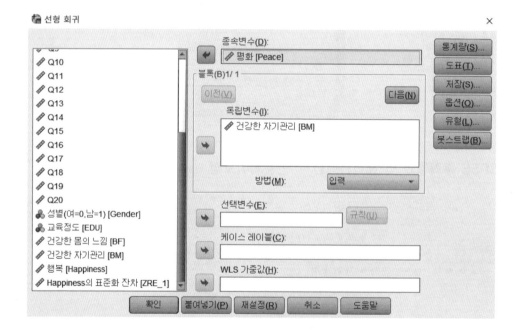

[SPSS 출력결과 및 해석] – 2단계: 단순회귀모형 Peace $= f_2 + b \cdot BM + \varepsilon$

모형 요약

모형	R	R 제곱	수정된 R 제곱	추정값의 표준 오차
1	.358ª	.128	.128	.6296

a. 예측자: (상수), 건강한 자기관리

ANOVAᵃ

모형		제곱합	자유도	평균제곱	F	유의확률
1	회귀	113.432	1	113.432	286.117	.000ᵇ
	잔차	770.703	1944	.396		
	전체	884.134	1945			

a. 종속변수: 평화
b. 예측자: (상수), 건강한 자기관리

계수ᵃ

모형		비표준화 계수		표준화 계수	t	유의확률
		B	표준화 오류	베타		
1	(상수)	2.642	.056		47.311	.000
	건강한 자기관리	.307	.018	.358	16.915	.000

a. 종속변수: 평화

분산분석표(ANOVA table)를 살펴보면 건강한 자기관리(BM)를 설명변수로 하는 평화(Peace)에 대한 단순선형회귀모형은 통계적으로 유의하며, 모형의 설명력은 12.8%임을 알 수 있다. 아울러, 건강한 자기관리(BM)가 평화(Peace)에 미치는 직접효과의 크기는 .307이고, 그에 대한 표준오차는 .018임을 알 수 있다.

[SPSS 명령] – 3단계: 다중회귀모형 $Peace = f_3 + c \cdot Happiness + d \cdot BM + \varepsilon$

1. 분석(A) → 회귀분석(R) → 선형(L)을 클릭한다.

2. 아래 화면처럼 설정하고 **확인**을 클릭한다.

[SPSS 출력결과 및 해석] – 3단계

모형 요약

모형	R	R 제곱	수정된 R 제곱	추정값의 표준오차
1	.562[a]	.316	.315	.5579

a. 예측자: (상수), 행복, 건강한 자기관리

ANOVA[a]

모형		제곱합	자유도	평균제곱	F	유의확률
1	회귀	279.270	2	139.635	448.549	.000[b]
	잔차	604.864	1943	.311		
	전체	884.134	1945			

a. 종속변수: 평화

b. 예측자: (상수), 행복, 건강한 자기관리

계수[a]

모형		비표준화 계수		표준화 계수		
		B	표준화 오류	베타	t	유의확률
1	(상수)	1.720	.064		27.050	.000
	건강한 자기관리	.082	.019	.095	4.327	.000
	행복	.450	.019	.507	23.081	.000

a. 종속변수: 평화

분산분석표(ANOVA table)를 살펴보면 건강한 자기관리(BM)와 행복(Happiness)을 설명변수로 하는 평화(Peace)에 대한 다중선형회귀모형은 통계적으로 유의하며, 모형의 설명력은 31.6% 임을 알 수 있다. 아울러, 건강한 자기관리(BM)가 평화(Peace)에 미치는 직접효과의 크기는 .082이고 그에 대한 표준오차는 .019이며, 행복(Happiness)이 평화(Peace)에 미치는 직접효과는 .450이고 그에 대한 표준오차는 .019 임을 알 수 있다.

매개효과 검증을 위한 3단계 회귀분석 결과들을 정리하면 〈표 4-2〉와 같다.

〈표 4-2〉에서 건강한 자기관리가 평화에 미치는 총 효과의 크기는 b = 0.307이고, 이 총 효과는 건강한 자기관리가 평화에 미치는 직접효과의 크기인 d = 0.082와 간접효과의 크기인 a·c = 0.502 × 0.450 = 0.2259의 합과 같다는 것을 확인할 수 있다.

⟨표 4-2⟩ 건강한 자기관리와 평화의 관계 – 행복의 매개효과

단계	모형	회귀계수 (비표준화 계수) B		표준오차	
1	BM → Happiness	a	.502	s_a	.019
2	BM → Peace	b	.307	s_b	.018
3	(BM, Happiness) → Peace	c	.450	s_c	.019
		d	.082	s_d	.019

다음 단계로, 건강한 자기관리가 평화에 미치는 간접효과의 유의성을 살펴보기 위한 검정통계량 T_0을 다음과 같이 구할 수 있다.

$$T_0 = \frac{a \cdot c}{\sqrt{c^2 s_a^2 + a^2 s_c^2 + s_a^2 s_c^2}} = \frac{0.502 \times 0.45}{\sqrt{0.45^2 \times 0.019^2 + 0.502^2 \times 0.019^2 + 0.019^2 \times 0.019^2}}$$
$$= 17.6$$

검정통계량 T_0의 값이 17.6으로 1.96보다 매우 크기 때문에, 매개효과가 없다는 귀무가설은 기각이 된다. 따라서 건강한 자기관리와 평화의 관계에서 행복은 매개변수 역할을 한다는 것이 입증되었다.

[Note] 매개효과 검정을 위한 비표준화계수(B)와 표준화계수(β)의 사용

매개효과모형에서 종속변수는 연속형 변수이지만, 독립변수와 매개변수는 집단변수(일반적으로 더미변수) 또는 연속형 변수일 수 있다. 일반적으로 매개효과 검정을 위한 Sobel 검정에서 사용되는 회귀계수 a와 c, 그에 대한 표준오차 sa와 ac는 비표준화계수(B)를 사용한다. 하지만 독립변수와 매개변수 모두 연속형 변수일 경우, 독립변수와 매개변수의 상관성에 의하여 다중공선성 문제가 야기될 수 있다. 다중공선성 문제가 심각한 경우 표준화계수(β)를 사용하는 것이 바람직하다.

독립변수	매개변수	회귀계수	참고
더미변수	더미변수	비표준화계수(B)	집단변수(더미변수)에 대한 표준화는 무의미함
더미변수	연속형 변수	비표준화계수(B)	
연속형 변수	더미변수	비표준화계수(B)	
연속형 변수	연속형 변수	표준화계수(β)	다중공선성이 심각하지 않을 경우에는 비표준화계수(B)를 사용하여도 무방

2. 조절효과 분석

독립변수와 종속변수의 관계가 제 삼의 변수의 값 또는 수준에 따라서 다르게 나타나는 경우도 있다. 예를 들어, 자녀의 성적이 아버지의 행복에 긍정적인 영향을 미치지만, 아들의 경우보다 딸의 경우 더 큰 영향을 미치는 것으로 나타날 경우, 자녀의 성적과 아버지의 행복의 관계는 자녀의 성별에 따라서 그 함수관계가 다르게 나타나고, 이와 같이 그 변수의 값 또는 수준이 독립변수와 종속변수의 관계에 영향을 미치는 제 삼의 변수를 조절변수(moderating variable, moderator)라고 부른다.

독립변수(X)와 종속변수(Y)의 관계가 조절변수(R)의 수준에 따라서 다르게 나타나는 것을 통계모형으로 검증하기 위해서는 반응변수인 종속변수를 설명하기 위한 설명변수로 독립변수, 조절변수, 독립변수와 조절변수의 곱인 상호작용 항(interaction term)을 도입하며, 그 모형은 다음과 같이 표기할 수 있다.

$$Y = \alpha + \beta_1 X + \beta_2 R + \beta_3 X \cdot R + \varepsilon$$

여기서, 일반적으로 독립변수와 종속변수는 연속형 변수이지만, 조절변수는 집단을 나타내는 범주형(categorical) 변수와 연속형 변수 모두 가능하다. 학위논문을 포함한 일반적인 학술논문에서 사용되는 조절변수의 데이터 형태는 세 가지 경우로 볼 수 있다. 그 경우는 첫째, 두 집단을 나타내는 더미변수(dummy variable)인 경우, 둘째, 여러 집단을 나타내는 범주형 변수(categorical variable)인 경우, 셋째, 연속형 변수(continuous variable)인 경우이다.

독립변수(X)와 종속변수(Y)의 관계가 조절변수(R)의 수준에 따라서 다르게 나타난다는 의미는 세 가지로 볼 수 있다. 첫째, 절편(intercept)만 다른 경우, 둘째, 기울기(slope)만 다른 경우, 셋째, 절편과 기울기 모두 다른 경우이다. 절편만 다른 경우는 위의 조절변수 모형에서 상호작용이 없는 모형($\beta_3 = 0$)이다. 기울기만 다른 경우는 위의 조절변수 모형에서 조절변수에 대한 회귀계수가 0인 모형($\beta_2 = 0$)이다. 일반적으로 독립변수와 종속변수의 관계에서 조절효과가 있다는 말은 독립변수가 종속변수에 미치는 영향력이 조절변수의 수준에 따라서 다르게 나타난다는 것과 동일한 의미로 사용된다. 이는 앞의 세 가지 경우에서 기울기만 다르게 나타나는 경우와 절편과 기울기 모두 다르게 나타나는 경우 모두 조절효과가 있다는 것을 의미하는 것으로, 조절효과 검증에서 중요한 관심 사항은 독립변수와 조절변수 사이의 상호작용 항이 필요한지 여부로 회귀계수 β_3가 0이라는 귀무가설($H_0 : \beta_3 = 0$)을 검정하는 것과 같다.

2.1 더미변수 형태의 조절변수

조절변수의 가능한 수준이 두 가지인 경우에 조절변수의 값은 0 또는 1을 갖는 더미변수 형태로 정의할 수가 있다. 더미변수 형태의 조절변수의 대표적인 변수는 성별이다. 기준이 되는 성별을 조절변수의 값이 0으로 설정하고, 비교 대상이 되는 성별을 1로 설정한다. 예를 들어, 여성을 기준이 되는 성별로 하고 남성을 비교하고자 할 경우 조절변수 R의 값을 다음과 같이 설정한다.

$$R = \begin{cases} 1, \text{성별이 남성인 경우} \\ 0, \text{성별이 여성인 경우} \end{cases}$$

따라서 조절효과 모형($Y = \alpha + \beta_1 X + \beta_2 R + \beta_3 X \cdot R + \varepsilon$)은 성별에 따라서 독립변수와 종속변수의 선형적인 관계식이 다르게 표현된다. 우선, 성별이 여성인 경우(R = 0)에 조절효과 모형은

$$Y = \alpha + \beta_1 X + \varepsilon$$

으로 단순선형회귀모형이 되고, 성별이 남성인 경우(R = 1)에 조절효과 모형은

$$Y = (\alpha + \beta_2) + (\beta_1 + \beta_3) X + \varepsilon$$

으로 여성인 경우의 단순선형회귀모형의 Y절편(intercept)과 기울기(slope) 모두 다르게 표현된다. 여성에 대한 회귀모형의 회귀계수 α, β_1 추정값인 a, b1이 모두 양수라고 가정할 경우 β_2와 β_3의 추정값인 b2, b3의 크기에 따라서 조절효과를 상징적으로 나타내는 그림은 [그림 4-5], [그림 4-6]과 같다.

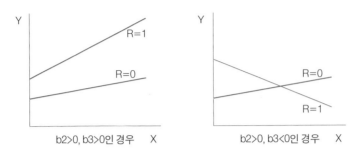

[그림 4-5] a, b1, b2 가 양수인 경우의 조절효과 모형

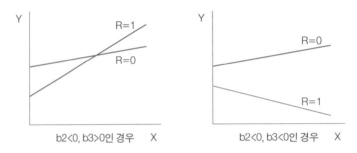

[그림 4-6] a, b1는 양수, b2는 음수인 경우의 조절효과 모형

[예제] 더미변수 형태의 조절변수

건강한 자기관리(BM)와 평화(Happiness)의 관계에서 성별(Gender)의 조절효과를 검정하고자 한다고 상정하자.

[SPSS 명령] – 더미변수 형태의 조절변수

1. 분석(A) → 일반선형모형(G) → 일변량(U)을 클릭한다.
2. 재설정(R)을 클릭한 후 아래 화면처럼 설정한다.

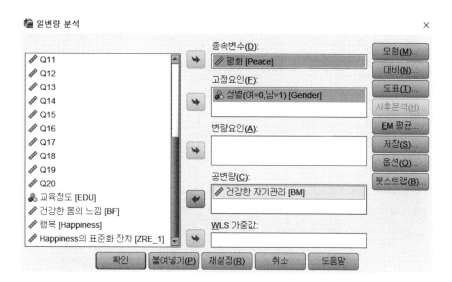

3. **모형(M)**을 클릭한 후 아래 화면처럼 설정하고 **계속(C)**을 클릭한다.

4. **확인**을 클릭한다.

[SPSS 출력결과 및 해석] – 더미변수 형태의 조절변수

개체-간 효과 검정

종속변수: 평화

소스	제 III 유형 제곱합	자유도	평균제곱	F	유의확률
수정된 모형	127.915[a]	3	42.638	109.497	.000
절편	818.340	1	818.340	2101.529	.000
BM	122.755	1	122.755	315.239	.000
Gender	12.198	1	12.198	31.324	.000
Gender*BM	8.940	1	8.940	22.957	.000
오차	756.220	1942	.389		
전체	25488.994	1946			
수정된 합계	884.134	1945			

a. R 제곱 = .145 (수정된 R 제곱 = .143)

분산분석표를 살펴보면 건강한 자기관리(BM), 성별(Gender), 건강한 자기관리와 성별의 상호작용(Gender*BM)에 해당되는 유의확률 모두가 .000으로 매우 작게 나타났다. 따라서 건강한 자기관리와 평화의 관계에서 성별은 조절변수 역할을 하고 있다. 이 결과를 학술논문에서 요구하는 형태의 분산분석표를 작성하기 위해서는 제1유형 제곱합(type I sum of squares)에 의한 결과를 이용하여야 한다. 제1유형 제곱합 형태의 분산분석표를 작성하기 위한 방법은 다음과 같다.

[SPSS 명령] – 제1유형 제곱합 형태의 분산분석

1. 분석(A) → 일반선형모형(G) → 일변량(U)을 클릭한다.
2. 모형(M)을 클릭한 후 아래 화면처럼 설정하고 계속(C)을 클릭한다.
   (제곱합(Q) 버튼의 선택버튼을 누르면 제I유형을 선택할 수 있다)

3. **옵션(O)**을 클릭한 후 아래 화면처럼 설정하고 **계속(C)**을 클릭한다.

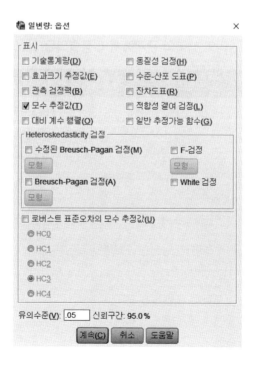

4. **확인**을 클릭한다.

[SPSS 출력결과 및 해석] – 제1유형 제곱합 형태의 분산분석

개체-간 효과 검정

종속변수: 평화

소스	제 I 유형 제곱합	자유도	평균제곱	F	유의확률
수정된 모형	127.915[a]	3	42.638	109.497	.000
절편	24604.859	1	24604.859	63186.198	.000
BM	113.432	1	113.432	291.297	.000
Gender	5.543	1	5.543	14.236	.000
Gender*BM	8.940	1	8.940	22.957	.000
오차	756.220	1942	.389		
전체	25488.994	1946			
수정된 합계	884.134	1945			

a. R 제곱 = .145 (수정된 R 제곱 = .143)

제1유형 제곱합을 이용한 출력결과를 토대로 작성할 수 있는 분산분석표는 다음과 같다.

〈표 4-3〉 건강한 자기관리와 행복의 관계에서의 성별의 조절효과 분산분석표

요인	제곱합	자유도	평균제곱합	F-값
건강한 자기관리	113.432	1	113.432	291.297***
성별	5.543	1	5.543	14.236***
상호작용 (건강한 자기관리*성별)	8.940	1	8.940	22.957***
오차	756.220	1942	0.389	
전체(수정)	884.134	1945		

주) *** p < .001

모수 추정값

종속변수: 평화

모수	B	표준오차	t	유의확률	95% 신뢰구간 하한	95% 신뢰구간 상한
절편	2.266	.086	26.255	.000	2.096	2.435
BM	.411	.028	14.875	.000	.357	.465
[Gender=0]	.630	.113	5.597	.000	.409	.851
[Gender=1]	0ª	.	.	.	.	.
[Gender=0] * BM	-.175	.036	-4.791	.000	-.246	-.103
[Gender=1] * BM	0ª	.	.	.	.	.

a. 현재 모수는 중복되므로 0으로 설정됩니다.

모수 추정값 결과를 보면 기준이 되는 성별은 남성(Gender = 1)인 것을 알 수 있으며, 남성에 대한 건강한 자기관리(BM)와 평화(Peace)의 관계에 대한 추정 회귀식(estimated regression line)은

$$Peace = 2.266 + 0.411 \times BM$$

과 같고 여성(Gender = 0)에 대한 건강한 자기관리(BM)와 평화(Peace)의 관계에 대한 추정 회귀식은

$$Peace = 2.266 + 0.411 \times BM + 0.630 - 0.175 \times BM$$
$$= 2.896 + 0.236 \times BM$$

과 같다는 것을 보여주고 있다. 이는 여성의 경우 남성에 비하여 절편(intercept)이 0.630 만큼 위에 있으며, 기울기가 0.175 만큼 작다는 것을 의미한다. 즉 남성의 경우 건강한 자기관리가 1점 증가할 때 평화가 0.411 점 증가하는 것에 비하여, 여성의 경우 건강한 자기관리가 1점 증가할 때 평화가 0.236 점 증가한다는 것을 의미한다. 이와 같이 건강한 자기관리와 평화의 관계가 성별에 따라서 다르게 나타나는 경우 건강한 자기관리와 평화의 관계에 있어서 성별은 조절변수 역할을 한다고 한다.

[회귀분석을 이용한 조절효과 분석]

회귀분석으로도 동일한 결과를 얻을 수 있다. 회귀분석을 이용하여 조절효과 분석을 시행하기 위해서는 더미변수와 연속형 변수간의 상호작용을 나타내는 변수를 정의하여야 한다. 이 예제에서는 성별(Gender)과 건강한 자기관리(BM)의 곱으로 정의한 G_BM 변수를 작성하며 그 방법은 다음과 같다.

[SPSS 명령] – 회귀분석을 이용한 조절효과 분석

1. **변환(T) → 변수 계산(C)**을 클릭한다.
2. 아래 화면처럼 설정한 후 **확인**을 클릭한다.

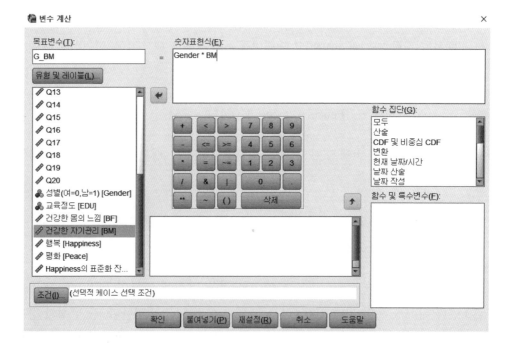

위와 같이 시행하면 그 결과로 IBM SPSS Statistics Data Editor 윈도우에 새로운 변수 G_BM이 생성된 것을 확인할 수 있다.

21	Gender	숫자	11	0	성별(여=0,남=1)	없음	없음	6	오른쪽	명목형	입력
22	EDU	숫자	11	0	교육정도	없음	없음	11	오른쪽	명목형	입력
23	BF	숫자	10	1	건강한 몸의 느낌	없음	없음	12	오른쪽	척도	입력
24	BM	숫자	10	1	건강한 자기관리	없음	없음	12	오른쪽	척도	입력
25	Happiness	숫자	10	1	행복	없음	없음	12	오른쪽	척도	입력
26	Peace	숫자	10	1	평화	없음	없음	12	오른쪽	척도	입력
27	ZRE_1	숫자	8	2	Happiness의 표준화 잔차	없음	없음	10	오른쪽	척도	입력
28	G_BM	숫자	8	2		없음	없음	10	오른쪽	척도	입력

이제 회귀분석을 이용하여 조절효과 분석을 시행할 수가 있다.

[SPSS 명령] – 회귀분석을 이용한 조절효과 분석

1. 분석(A) → 회귀분석(R) → 선형(L)을 클릭한다.
2. 아래 화면처럼 설정한 후 **확인**을 클릭한다.

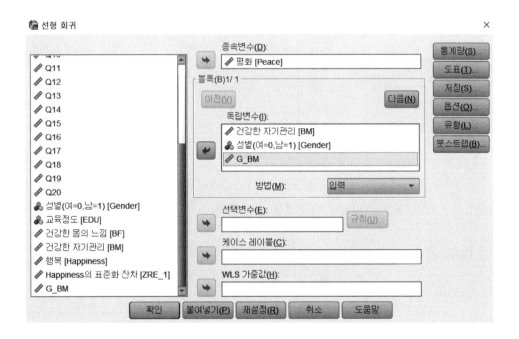

[SPSS 출력결과 및 해석] – 회귀분석을 이용한 조절효과 분석

모형 요약

모형	R	R 제곱	수정된 R 제곱	추정값의 표준 오차
1	.380[a]	.145	.143	.6240

a. 예측자: (상수), G_BM, 건강한 자기관리, 성별(여=0,남=1)

ANOVA[a]

모형		제곱합	자유도	평균제곱	F	유의확률
1	회귀	127.915	3	42.638	109.497	.000[b]
	잔차	756.220	1942	.389		
	전체	884.134	1945			

a. 종속변수: 평화

b. 예측자: (상수), G_BM, 건강한 자기관리, 성별(여=0,남=1)

계수[a]

모형		비표준화 계수 B	비표준화 계수 표준화 오류	표준화 계수 베타	t	유의확률
1	(상수)	2.896	.072		40.042	.000
	건강한 자기관리	.236	.024	.275	9.935	.000
	성별(여=0,남=1)	-.630	.113	-.460	-5.597	.000
	G_BM	.175	.036	.407	4.791	.000

a. 종속변수: 평화

위의 계수 출력결과를 토대로 건강한 자기관리(BM)와 평화의 관계에 대한 성별의 조절효과 모형의 추정 회귀식을 다음과 같이 작성할 수 있다.

$$\text{Peace} = 2.896 + 0.236 \times \text{BM} - 0.630 \times \text{Gender} + 0.175 \times \text{Gender*BM}$$

이를 토대로 여성(Gender = 0)에 대한 건강한 자기관리(BM)와 평화의 관계에 대한 추정 회귀식은

$$\text{Peace} = 2.896 + 0.236 \times \text{BM}$$

이고, 남성에 대한 건강한 자기관리(BM)와 평화의 관계에 대한 추정 회귀식은

$$\text{Peace} = 2.896 + 0.236 \times \text{BM} - 0.630 + 0.175 \times \text{BM}$$
$$= 2.266 + 0.411 \times \text{BM}$$

이 된다. 이러한 결과는 바로 앞에서 다룬 일반선형모형의 결과와 같다. 〈표 4-4〉는 일반선형모형과 회귀분석의 SPSS 출력결과를 토대로 작성한 추정 회귀식을 정리한 것이다.

일반선형모형과 회귀분석 중에서 어떠한 분석방법을 택할지는 전적으로 연구자의 선택에 있다고 본다. 회귀분석의 경우 범주형 조절변수를 설명변수로 투입하기 위해서는 더미변수와 상호작용 변수를 먼저 정의하여야 하지만, 일반선형모형에서는 그러한 과정이 필요 없기 때문에(실질적으로 일반선형모형의 모형(M) 옵션에서 다루고 있기 때문에) 연구자가 고려하고 있는 설명변수가 많고, 적절한 모형을 탐색하는 경우에는 일반선형모형 방법으로 적절한 모형을 탐색하여 확정하고, 추정 회귀식을 쉽게 구하기 위해서는 회귀분석 방법을 사용하는 것이 통계학에 대한 전문적인 지식이 부족한 연구자에게는 보다 효율적인 방법일 수도 있지만, 이 또한 연구자가 선택할 부분이다.

〈표 4-4〉 일반선형모형과 회귀분석의 추정 회귀식 결과 비교

성별		일반선형모형(G)	회귀분석(R)
여성(Gender = 0)		Peace = 2.896 + 0.236 × BM	Peace = 2.896 + 0.236 × BM
남성(Gender = 1)		Peace = 2.266 + 0.411 × BM	Peace = 2.266 + 0.411 × BM
차이점	절편	여성이 남성보다 0.63 크다	여성이 남성보다 0.63 크다
	기울기	남성이 남성보다 0.175 크다	남성이 남성보다 0.175 크다

2.2 다중집단변수 형태의 조절변수

조절변수의 가능한 수준이 k개 가지인 경우에 조절효과를 위한 통계모형을 작성하기 위해서는 k−1개의 더미변수를 정의하여 독립변수, k−1개의 더미변수, k−1개의 독립변수와 더미변수의 상호작용 항을 설명변수로 설정한 다중회귀모형을 작성하면 된다. 예를 들어, 학력이 조절변수의 역할을 하는 경우에 학력이 1, 2, 3, 4로 코딩되어 있다면 조절변수 R이 취할 수 있는 수준의 수는 4이며, 우리가 필요로 하는 더미변수는

3개로 각각 D1, D2, D3로 놓을 수 있다. 여기서 기준이 되는 집단을 학력이 4인 집단으로 놓을 경우 더미변수 D1, D2, D3는 각각 학력의 수준이 1, 2, 3인 집단을 나타내는 더미변수가 되며, 그 관계는 〈표 4-5〉와 같다.

〈표 4-5〉 조절변수의 수준 값에 따른 더미변수 설정 방법

학력	R	D1	D2	D3
1	1	1	0	0
2	2	0	1	0
3	3	0	0	1
4	4	0	0	0

독립변수(X)와 종속변수(Y)의 관계가 조절변수(R)의 수준에 따라서 다르게 나타나는 것을 통계모형으로 검증하기 위해서는 반응변수인 종속변수를 설명하기 위한 설명변수로 독립변수, $k-1$개의 더미변수, $K-1$개의 독립변수와 더미변수의 곱인 상호작용 항을 도입하며, 그 모형은 다음과 같이 표기할 수 있다.

$$Y = \alpha + \beta_0 X + \beta_1 D_1 + \beta_2 D_2 + \beta_3 D_3 + \gamma_1 X \cdot D_1 + \gamma_2 X \cdot D_2 + \gamma_3 X \cdot D_3 + \varepsilon$$

따라서 기준 집단인 학력이 4인 집단($R = 4$인 경우로 $D_1 = D_2 = D_3 = 0$인 경우)에 대한 조절효과 모형은 다음과 같이 된다.

$$Y = \alpha + \beta_0 X + \varepsilon$$

학력이 1인 집단($R = 1$인 경우로 $D_1 = 1$, $D_2 = D_3 = 0$인 경우)에 대한 조절효과 모형은 다음과 같이 된다.

$$Y = (\alpha + \beta_1) + (\beta_0 + \gamma_1)X + \varepsilon$$

학력이 2인 집단($R = 2$인 경우로 $D_2 = 1$, $D_1 = D_3 = 0$인 경우)에 대한 조절효과 모형은 다음과 같이 된다.

$$Y = (\alpha + \beta_2) + (\beta_0 + \gamma_2)X + \varepsilon$$

학력이 3인 집단(R = 3인 경우로 $D_3 = 1$, $D_1 = D_2 = 0$인 경우)에 대한 조절효과 모형은 다음과 같이 된다.

$$Y = (\alpha + \beta_3) + (\beta_0 + \gamma_3)X + \varepsilon$$

학력이 4인 집단의 회귀모형의 회귀계수 α, β_0의 추정값인 a, b0가 모두 양수라고 가정하고 그 밖의 회귀계수 β_1, β_2, β_3, γ_1, γ_2, γ_3의 추정값인 b1, b2, b3, r1, r2, r3의 상대적인 값의 크기가 b1 > b2 > b3 > 0이고, r1 > r2 > r3 > 0이라고 가정할 경우의 조절효과 모형의 추정 회귀식에 대한 그림은 [그림 4-7]과 같게 표현되고, b1 > b2 > b3 > 0이고, r3 > r2 > r1 > 0이라고 가정할 경우의 조절효과 모형의 추정회귀식에 대한 그림은 [그림 4-8]과 같게 표현된다.

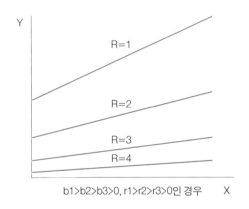

[그림 4-7] b1 > b2 > b3 > 0, r1 > r2 > r3 > 0인 경우의 조절효과 모형

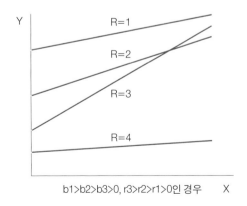

[그림 4-8] b1 > b2 > b3 > 0, r3 > r2 > r1 > 0인 경우의 조절효과 모형

[예제] 다중집단변수 형태의 조절변수

건강한 자기관리(BM)와 평화(Happiness)의 관계에서 학력(EDU)의 조절효과를 검정하고자 한다고 상정하자.

[SPSS 명령] – 다중집단변수 형태의 조절변수

1. **분석(A) → 일반선형모형(G) → 일변량(U)**을 클릭한다.
2. **재설정(R)**을 클릭한 후 아래 화면처럼 설정한다.

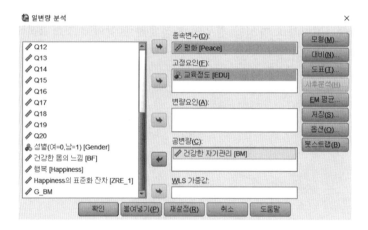

3. **모형(M)**을 클릭한 후 아래 화면처럼 설정하고 **계속(C)**을 클릭한다.

4. 옵션(O)을 클릭한 후 아래 화면처럼 설정하고 **계속(C)**을 클릭한다.

5. 확인을 클릭한다.

[SPSS 출력결과 및 해석] – 다중집단변수 형태의 조절변수

개체-간 효과 검정

종속변수: 평화

소스	제 I 유형 제곱합	자유도	평균제곱	F	유의확률
수정된 모형	126.204ª	7	18.029	46.100	.000
절편	24604.859	1	24604.859	62913.757	.000
BM	113.432	1	113.432	290.041	.000
EDU	9.687	3	3.229	8.256	.000
EDU * BM	3.086	3	1.029	2.630	.049
오차	757.930	1938	.391		
전체	25488.994	1946			
수정된 합계	884.134	1945			

a. R 제곱 = .143 (수정된 R 제곱 = .140)

제1유형 제곱합을 이용한 분산분석표를 토대로 논문작성을 위한 〈표 4-6〉과 같은 분산분석표를 작성 할 수 있다.

〈표 4-6〉 건강한 자기관리와 평화의 관계에서의 교육의 조절효과 분산분석표

요인	제곱합	자유도	평균제곱합	F-값
건강한 자기관리	113.432	1	113.432	290.041***
교육	9.687	3	3.229	8.256***
상호작용 (건강한 자기관리*교육)	3.086	3	1.029	2.630*
오차	757.930	1938		
전체(수정)	884.134	1945		

주) *** p < .001, ** p < .01, * p < .05

모수 추정값

종속변수: 평화

모수	B	표준오차	t	유의확률	95% 신뢰구간 하한	95% 신뢰구간 상한
절편	2.775	.166	16.719	.000	2.449	3.100
BM	.317	.055	5.809	.000	.210	.424
[EDU=1]	.382	.241	1.583	.114	-.091	.855
[EDU=2]	-.110	.204	-.540	.589	-.510	.290
[EDU=3]	-.244	.182	-1.345	.179	-.601	.112
[EDU=4]	0[a]	.	.	.	.	.
[EDU=1] * BM	-.141	.076	-1.841	.066	-.291	.009
[EDU=2] * BM	-.036	.067	-.542	.588	-.167	.095
[EDU=3] * BM	.020	.060	.329	.742	-.097	.137
[EDU=4] * BM	0[a]	.	.	.	.	.

a. 현재 모수는 중복되므로 0으로 설정됩니다.

모수 추정값 결과를 보면 기준이 되는 학력은 대학원 졸업 또는 중퇴(EDU = 4)인 것을 알 수 있으며, [EDU = 4] 집단에 대한 건강한 자기관리(BM)와 평화(Peace)의 관계에 대한 추정 회귀식은

$$\text{Peace} = 2.775 + 0.317 \times \text{BM}$$

과 같고, [EDU = 1] 집단에 대한 건강한 자기관리(BM)와 평화(Peace)의 관계에 대한
추정 회귀식은

$$\text{Peace} = 2.775 + 0.317 \times \text{BM} + 0.382 - 0.141 \times \text{BM}$$
$$= 3.157 + 0.176 \times \text{BM}$$

과 같고, [EDU = 2] 집단에 대한 건강한 자기관리(BM)와 평화(Peace)의 관계에 대한
추정 회귀식은

$$\text{Peace} = 2.775 + \sim 0.317 \times \text{BM} - 0.110 - 0.036 \times \text{BM}$$
$$= 2.665 + 0.281 \times \text{BM}$$

과 같고, [EDU = 3] 집단에 대한 건강한 자기관리(BM)와 평화(Peace)의 관계에 대한
추정 회귀식은

$$\text{Peace} = 2.775 + 0.317 \times \text{BM} - 0.244 + 0.020 \times \text{BM}$$
$$= 2.531 + 0.337 \times \text{BM}$$

과 같게 계산된다. 이를 정리하면 〈표 4-7〉과 같다.

〈표 4-7〉 교육정도에 따른 건강한 자기관리와 평화의 관계의 추정 회귀식

학력(EDU)	추정 회귀식
중졸 이하(EDU = 1)	$\text{Peace} = 3.157 + 0.176 \times \text{BM}$
고졸 또는 중퇴(EDU = 2)	$\text{Peace} = 2.665 + 0.281 \times \text{BM}$
대졸 또는 중퇴(EDU = 3)	$\text{Peace} = 2.531 + 0.337 \times \text{BM}$
대학원 졸업 또는 중퇴(EDU = 4)	$\text{Peace} = 2.775 + 0.317 \times \text{BM}$

위와 같이 건강한 자기관리와 평화의 관계가 학력에 따라서 다르게 나타나는 경우
건강한 자기관리와 평화의 관계에 있어서 학력은 조절변수 역할을 한다고 한다.

[회귀분석을 이용한 조절효과 분석]

회귀분석으로도 동일한 결과를 얻을 수 있다. 회귀분석을 이용하여 조절효과 분석을 시행하기 위해서는 다중집단 변수와 연속형 변수간의 상호작용을 나타내는 변수를 정의하여야 한다. 이 예제에서는 기준이 되는 학력을 대학원 졸업 또는 중퇴(EDU = 4)로 설정하고 있기 때문에 중졸 이하(EDU = 1), 고졸 또는 중퇴(EDU = 2), 대졸 또는 중퇴(EDU = 3)를 나타내는 더미변수 D1, D2, D3와 건강한 자기관리(BM)의 곱으로 각각 정의한 BM_D1, BM_D2, BM_D3 변수를 작성하여야 한다. 중졸 이하(EDU = 1)와 건강한 자기관리(BM)의 상호작용을 나타내는 BM_D1 변수를 정의하는 방법은 다음과 같다.

[SPSS 명령] - 회귀분석을 이용한 조절효과 분석

1. **변환(T) → 다른 변수로 코딩변경(R)**을 클릭한다.

2. 좌측 변수 상자에서 교육정도(EDU) 변수를 더블클릭하여 **숫자변수 → 출력변수** 상자로 보낸 다음 화면처럼 **출력변수** 상자를 설정한 후 **변경(H)**을 클릭한다.

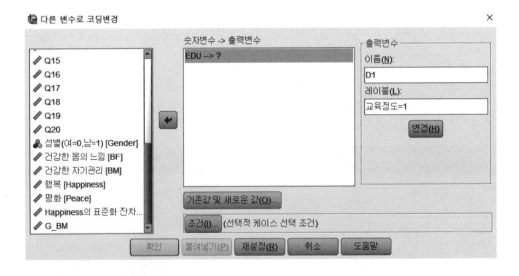

3. **기존값 및 새로운 값(O)**을 클릭한 후 아래 화면과 같이 설정한 후 **추가(A)**를 클릭한다.

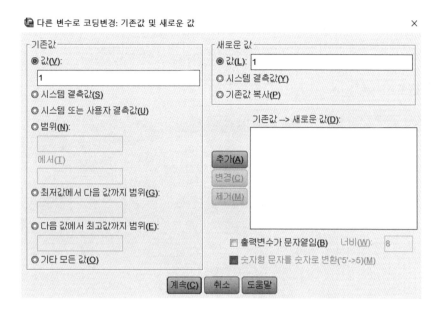

4. 앞의 단계와 동일한 방법으로 교육정도가 2, 3, 4인 경우에 D1의 값이 0이 되도록
아래 화면처럼 설정한 후 **계속(C)**을 클릭한다.

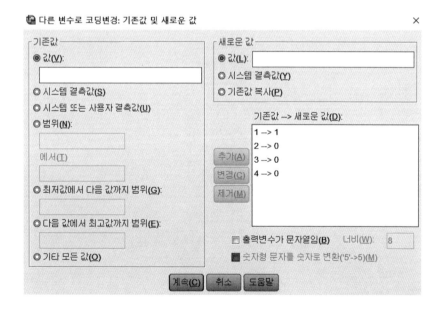

5. **확인**을 클릭한다(이 단계를 마치면 IBM SPSS Statistics Data Editor 윈도우에서 D1 변수
가 생성된 것을 확인할 수 있다).

6. **변환(T) → 다른 변수로 코딩변경(R)**을 클릭한 후 **재설정(R)**을 클릭한다.

7. 좌측 변수 상자에서 교육정도(EDU) 변수를 더블클릭하여 **숫자변수 → 출력변수** 상
자로 보낸 다음 화면처럼 **출력변수** 상자를 설정한 후 **변경(H)**을 클릭한다.

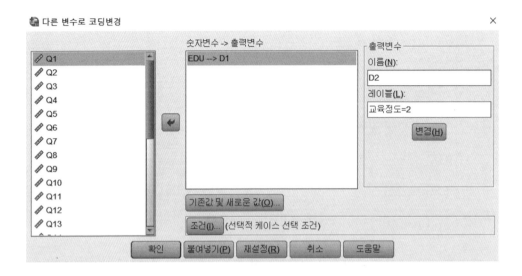

8. **기존값 및 새로운 값(O)**을 클릭한 후 아래 화면과 같이 설정한 후 **계속(C)**을 클릭한다.

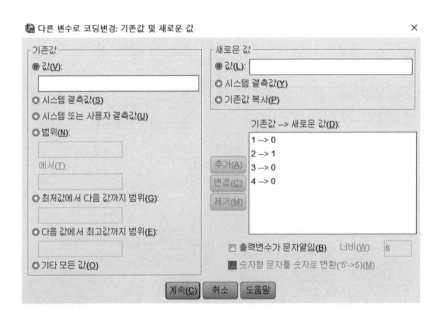

9. **확인**을 클릭한다.

(이 단계를 마치면 IBM SPSS Statistics Data Editor 윈도우에서 D2 변수가 생성된 것을 확
인할 수 있다.)

10. 동일한 방법으로 교육정도 3인 집단에 대한 더미변수 D3 변수를 정의한다.

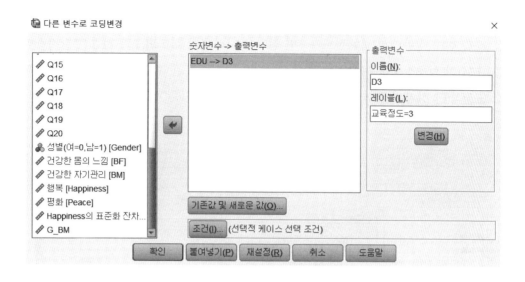

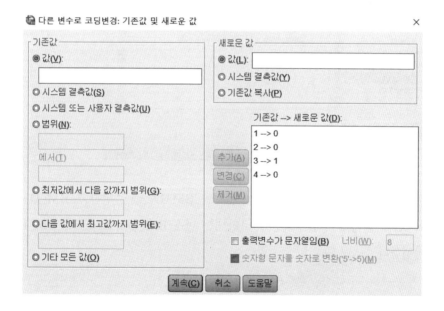

앞에서 교육정도를 나타내는 더미변수 D1, D2, D3을 정의하였다. 다음 단계로는 교육정도와 건강한 자기관리(BM)의 상호작용을 나타내는 BM_D1, BM_D2, BM_D3 변수를 정의하여야 한다.

[SPSS 명령] – 상호작용 변수 만들기

1. **변환(T) → 변수 계산(C)**을 클릭한다.
2. 좌측 변수 상자에서 교육정도가 1인 집단을 나타내는 더미변수와 건강한 자기관리 (BM)의 상호작용을 나타내는 변수 BM_D1을 타이프한 후 아래 화면과 같이 **숫자 표현식(E):** 상자에 'BM*D1'을 설정하고 **확인**을 클릭한다.

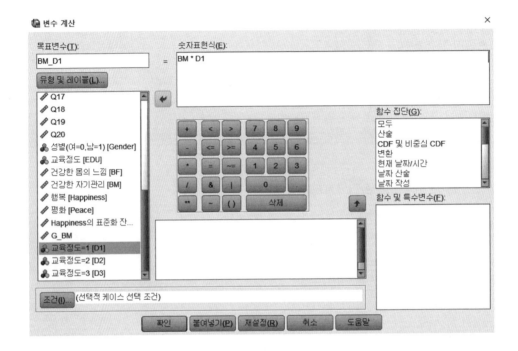

3. 앞의 단계와 같은 방법으로 BM_D2 변수는 'BM*D2'를 설정하고, BM_D3 변수는 'BM*D3'를 설정하여 상호작용을 나타내는 변수 BM_D1, BM_D2, BM_D3 변수를 생성한다.

이제 회귀분석을 이용하여 건강한 자기관리(BM)와 평화(Peace)의 관계에 대한 교육 정도(EDU)의 조절효과 분석을 시행할 수가 있다.

[SPSS 명령] – 조절효과 분석

1. 분석(A) → 회귀분석(R) → 선형(L)을 클릭한다.
2. 아래 화면처럼 설정한 후 **확인**을 클릭한다.

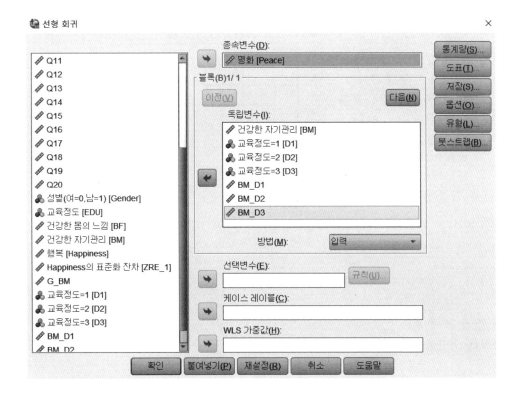

[SPSS 출력결과 및 해석]

ANOVA[a]

모형		제곱합	자유도	평균제곱	F	유의확률
1	회귀	126.204	7	18.029	46.100	.000[b]
	잔차	757.930	1938	.391		
	전체	884.134	1945			

a. 종속변수: 평화

b. 예측자: (상수), BM_D3, 건강한 자기관리, 교육정도=1, 교육정도=2, 교육정도=3, BM_D1, BM_D2

계수ᵃ

모형		비표준화 계수		표준화 계수	t	유의확률
		B	표준화 오류	베타		
1	(상수)	2.775	.166		16.719	.000
	건강한 자기관리	.317	.055	.369	5.809	.000
	교육정도=1	.382	.241	.186	1.583	.114
	교육정도=2	-.110	.204	-.070	-.540	.589
	교육정도=3	-.244	.182	-.181	-1.345	.179
	BM_D1	-.141	.076	-.224	-1.841	.066
	BM_D2	-.036	.067	-.071	-.542	.588
	BM_D3	.020	.060	.046	.329	.742

a. 종속변수: 평화

　　계수 결과에서 비표준화 계수 B값을 살펴보면 기준이 되는 학력인 대학원 졸업 또는 중퇴(EDU = 4) 집단에 대한 건강한 자기관리(BM)와 평화(Peace)의 관계에 대한 추정 회귀식은

$$Peace = 2.775 + 0.317 \times BM$$

과 같고, [교육정도 = 1] 집단(D1 = 1)에 대한 건강한 자기관리(BM)와 평화(Peace)의 관계에 대한 추정 회귀식은

$$Peace = 2.775 + 0.317 \times BM + 0.382 - 0.141 \times BM$$
$$= 3.157 + 0.176 \times BM$$

과 같고, [교육정도 = 2] 집단(D2 = 1)에 대한 건강한 자기관리(BM)와 평화(Peace)의 관계에 대한 추정 회귀식은

$$Peace = 2.775 + 0.317 \times BM - 0.110 - 0.036 \times BM$$
$$= 2.665 + 0.281 \times BM$$

과 같고, [교육정도 = 3] 집단(D3 = 1)에 대한 건강한 자기관리(BM)와 평화(peace)의 관계에 대한 추정 회귀식은

$$Peace = 2.775 + 0.317 \times BM - 0.244 + 0.020 \times BM$$
$$= 2.531 + 0.337 \times BM$$

과 같게 계산된다. 이를 정리하면 〈표 4-8〉과 같으며, 이는 일반선형모형으로 구한 결과와 같다는 것을 확인할 수 있다.

〈표 4-8〉 교육정도에 따른 건강한 자기관리와 평화의 관계의 추정 회귀식

학력(EDU)	추정 회귀식
중졸 이하(EDU = 1)	$Peace = 3.157 + 0.176 \times BM$
고졸 또는 중퇴(EDU = 2)	$Peace = 2.665 + 0.281 \times BM$
대졸 또는 중퇴(EDU = 3)	$Peace = 2.531 + 0.337 \times BM$
대학원 졸업 또는 중퇴(EDU = 4)	$Peace = 2.775 + 0.317 \times BM$

위의 계수 출력 결과에서 유의확률을 살펴보면 상호작용 BM_D3 변수에 대한 유의확률이 .742로 매우 크다. 따라서 이 항을 제거한 모형에 대한 분석을 시행할 필요가 있다.

[SPSS 명령]

1. 분석(A) → 회귀분석(R) → 선형(L)을 클릭한다.
2. 아래 화면처럼 설정하괴독립변수(I): 상자의 BM_D2 변수를 클릭한 후 ← 버튼을 클릭하면 된다] 확인을 클릭한다.

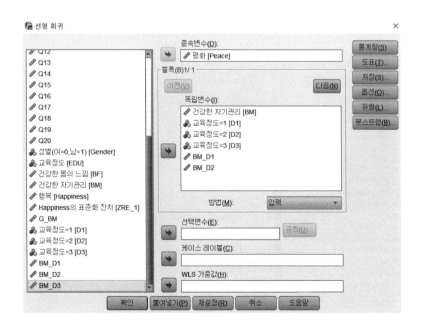

[SPSS 출력결과 및 해석]

계수[a]

모형		비표준화 계수 B	비표준화 계수 표준화 오류	표준화 계수 베타	t	유의확률
1	(상수)	2.727	.079		34.573	.000
	건강한 자기관리	.333	.022	.388	14.964	.000
	교육정도=1	.430	.192	.209	2.240	.025
	교육정도=2	-.062	.142	-.039	-.436	.663
	교육정도=3	-.187	.048	-.138	-3.868	.000
	BM_D1	-.157	.058	-.251	-2.708	.007
	BM_D2	-.053	.044	-.104	-1.181	.238

a. 종속변수: 평화

위의 출력결과를 살펴보면 상호작용 BM_D2 변수에 대한 유의확률이 .238로 일반 적인 유의확률 0.05보다 크다. 따라서 이 항을 제거한 모형에 대한 분석을 시행할 필요 가 있다.

[SPSS 명령]

1. **분석(A) → 회귀분석(R) → 선형(L)**을 클릭한다.
2. 아래 화면처럼 설정한 후 **확인**을 클릭한다.

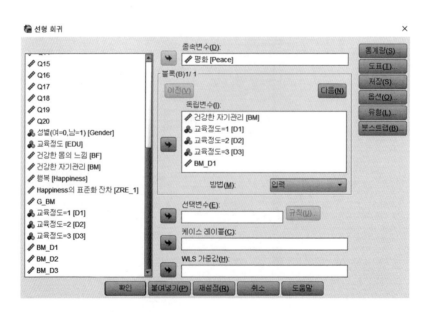

[SPSS 출력결과 및 해석]

계수^a

모형		비표준화 계수		표준화 계수		
		B	표준화 오류	베타	t	유의확률
1	(상수)	2.765	.072		38.521	.000
	건강한 자기관리	.320	.019	.373	16.598	.000
	교육정도=1	.392	.189	.190	2.069	.039
	교육정도=2	-.218	.053	-.139	-4.134	.000
	교육정도=3	-.187	.048	-.138	-3.869	.000
	BM_D1	-.144	.057	-.230	-2.528	.012

a. 종속변수: 평화

위의 출력결과를 살펴보면 분산분석과 계수 출력결과에서의 모든 유의확률이 유의수준 0.05보다 작게 나타나 통계적으로 유의한 모형이 탐색되었음을 확인할 수 있다. 계수 결과를 토대로 건강한 자기관리(BM)와 평화(Peace)의 관계에 대한 교육정도의 조절효과 모형에 대한 추정 회귀식은 다음과 같다.

$$\text{Happiness} = 2.765 + 0.32 \times \text{BM} + 0.392 \times \text{D1} - 0.218 \times \text{D2} - 0.187 \times \text{D3} - 0.144 \times \text{D1} \cdot \text{BM}$$

이는 절편의 측면에서는 교육정도가 1, 2, 3, 4 집단 모두 다르고, 기울기의 측면에서는 교육정도가 1인 집단이 교육정도가 2, 3, 4인 집단과 다르게 나타난다는 것을 의미한다. 이를 정리하면 〈표 4-9〉와 같다.

〈표 4-9〉 교육정도에 따른 건강한 자기관리와 평화의 관계의 추정 회귀식

학력(EDU)	추정 회귀식
중졸 이하(EDU = 1)	Peace = 3.157 + 0.176 × BM
고졸 또는 중퇴(EDU = 2)	Peace = 2.547 + 0.32 × BM
대졸 또는 중퇴(EDU = 3)	Peace = 2.578 + 0.32 × BM
대학원 졸업 또는 중퇴(EDU = 4)	Peace = 2.765 + 0.32 × BM

〈표 4-9〉의 결과는 건강한 자기관리가 1점 증가할 때 평화의 점수에 미치는 영향력이 교육정도 2, 3, 4인 집단에 비하여 교육정도가 1인 집단의 경우 더 작게 나타난다는 것을 의미한다.

2.3 연속형 변수 형태의 조절변수

조절변수가 연속형 변수일 경우에 조절효과 분석을 위해서는 반응변수인 종속변수를 설명하기 위한 설명변수로 독립변수, 조절변수, 독립변수와 조절변수의 곱인 상호작용 항을 도입한 다음과 같은 선형모형을 사용한다.

$$Y = \alpha + \beta_1 X + \beta_2 R + \beta_3 X \cdot R + \varepsilon$$

이 경우 조절변수의 가능한 수준의 수는 무한개 이다. 따라서 조절변수가 연속형 변수일 경우에 조절효과를 시각적으로 표현하는 것은 불가능하다. 논문작성을 위해서는 연속형 조절변수의 조절효과를 시각적으로 보여줄 필요가 있으며, 이를 위해서 연구자는 연속형 조절변수의 값의 범위에 따라서 연구 대상을 2개 또는 k개의 수준으로 구분할 수 있으며, 그 선택은 연구자의 선택이다. 연구대상을 두 개의 집단으로 구분하고자할 경우 조절변수의 평균(mean) 또는 중위수(median)를 사용할 수 있으며, k개의 집단으로 구분하고자 할 경우 각 부분집단의 구성원들의 비율이 동일하게 1/k씩 배정할 수있다.

[예제] 연속형 변수 형태의 조절변수

행복(Happiness)과 평화(Peace)의 관계에서 건강한 자기관리(BM)의 조절효과를 검증한다고 상정하자.

[SPSS 명령] – 연속형 변수 형태의 조절변수

1. 분석(A) → 일반선형모형(G) → 일변량(U)을 클릭한다.
2. 아래 화면과 같이 설정한 다음 모형(M)을 클릭한다.

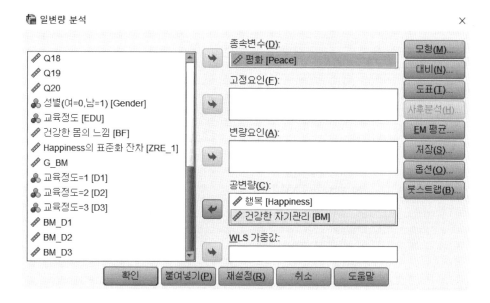

3. 다음 화면과 같이 설정한 후 **계속(C)**을 클릭하고 **옵션(O)**을 클릭한다.

4. 다음 화면과 같이 설정한 후 **계속(C)**을 클릭하고 **확인**을 클릭한다.

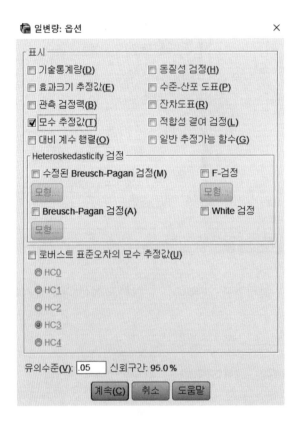

[SPSS 출력결과 및 해석] – 연속형 변수 형태의 조절변수

모수 추정값

종속변수: 평화

모수	B	표준오차	t	유의확률	95% 신뢰구간 하한	95% 신뢰구간 상한
절편	.751	.199	3.776	.000	.361	1.141
Happiness	.723	.057	12.774	.000	.612	.834
BM	.444	.073	6.082	.000	.301	.587
Happiness * BM	-.099	.019	-5.138	.000	-.137	-.061

모수 추정값을 토대로 행복(Happiness)과 평화(Peace)의 관계에서 건강한 자기관리 (BM)의 조절효과 모형의 추정 회귀식은 다음과 같이 작성할 수 있다.

개체-간 효과 검정

종속변수: 평화

소스	제 III 유형 제곱합	자유도	평균제곱	F	유의확률
수정된 모형	287.381[a]	3	95.794	311.740	.000
절편	4.381	1	4.381	14.256	.000
Happiness	50.143	1	50.143	163.180	.000
BM	11.369	1	11.369	36.997	.000
Happiness * BM	8.111	1	8.111	26.396	.000
오차	596.753	1942	.307		
전체	25488.994	1946			
수정된 합계	884.134	1945			

a. R 제곱 = .325 (수정된 R 제곱 = .324)

분산분석표를 살펴보면, 행복(Happiness)과 평화(Peace)의 관계에서 건강한 자기관리 (BM)의 조절효과 모형의 유의성 검정에 대한 유의확률이 .000으로 유의수준 .05보다 작게 나타났으며, 이는 조절효과 모형이 타당하다는 증거의 일부이다.

조절변수가 연속형 변수일 경우 조절변수의 가능한 수준의 수는 무한개 이다. 시각적인 표현과 조절효과의 설명을 위해서 조절변수로 설정한 건강한 자기관리(BM)의 값에 따라서 구분되는 상/중/하 집단 또는 고/저 집단의 대표적인 값이 주어졌을 경우의 행복과 평화의 관계식을 이용할 수 있다. 이럴 경우 건강한 자기관리에 대한 평균, 표준편차 등과 같은 기본적인 기술통계량을 출력할 필요가 있다.

[SPSS 명령]

1. 분석(A) → 기술통계량(E) → 데이터 탐색(E)을 클릭한다.
2. 아래 화면과 같이 설정하고 **통계량(S)**을 클릭한다.

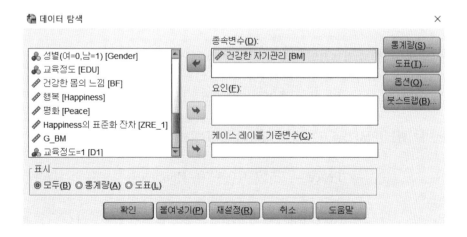

3. 아래 화면과 같이 설정하고 **계속(C)**을 클릭한 후 **확인**을 클릭한다.

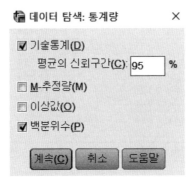

[SPSS 출력결과 및 해석]

백분위수

		5	10	25	50	75	90	95
가중평균(정의 1)	건강한 자기관리	1.800	2.000	2.400	3.000	3.600	4.000	4.200
Tukey의 Hinges	건강한 자기관리			2.400	3.000	3.600		

조절변수인 건강한 자기관리(BM)의 상/중/하 수준을 설정하기 위하여 연구자마다 선택을 다르게 할 수 있지만 여기서는 상 집단을 상위 10% 점수에 해당되는 90% 백분위수인 4.0으로 설정하고, 중 집단을 상위 50% 점수에 해당되는 중위수(50% 백분위수)인 3.0으로 설정하며, 하 집단은 하위 10% 점수에 해당되는 10% 백분위수인 2.0으로 대표 값을 설정하기로 하자. 건강한 자기관리(BM)가 2.0일 경우 평화의 추정 회귀식은

$$Peace = 1.639 + 0.525 \times Happiness$$

건강한 자기관리(BM)가 3.0일 경우 평화의 추정 회귀식은

$$Peace = 2.083 + 0.426 \times Happiness$$

건강한 자기관리(BM)가 4.0일 경우 평화의 추정 회귀식은

$$Peace = 2.527 + 0.327 \times Happiness$$

와 같이 나타난다. 이는 행복(Happiness)이 1점 증가할 때 평화(Peace)의 증가속도가 건

강한 자기관리(BM)가 상인 집단보다 하인 집단이 더 크다는 것을 의미하는 것으로, 건강한 자기관리를 잘 할수록 행복이 평화에 미치는 영향력이 작아진다고 해석 될 수도 있다.

연속형 조절변수에 대한 조절효과를 보여주기 위한 대안적 방법은 연속형 조절변수를 그 값의 고/저에 따라서 두 집단으로 분류하여 더미변수를 이용하는 방법이다. 앞의 출력결과에서 건강한 자기관리의 50% 백분위수에 해당되는 값이 3.0이기 때문에 건강한 자기관리(BM)가 3.0을 초과하는 집단과 이하인 집단을 나타내는 더미변수(D_BM)를 사용하여 조절효과를 표현할 수 있다.

[SPSS 명령] – 조절효과의 시각적 표현을 위한 방법

⊙ 건강한 자기관리 더미변수 만들기

1. 변환(T) → 다른 변수로 코딩변경(R)을 클릭한다.
2. 아래 화면과 같이 설정한 후 **기존값 및 새로운 값(O)**을 클릭한다.

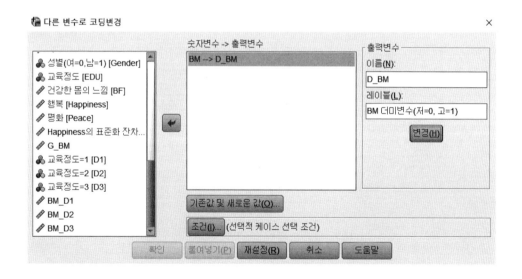

3. 아래 화면과 같이 설정한 후 **추가(A)**를 클릭한다.

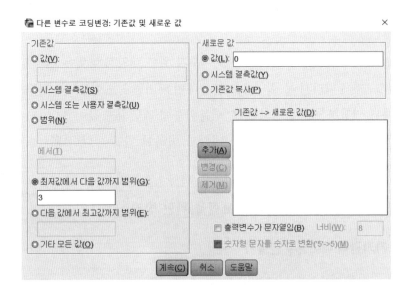

4. 아래 화면과 같이 설정한 후 **추가(A)**를 클릭하고 **계속(C)**을 클릭한다.

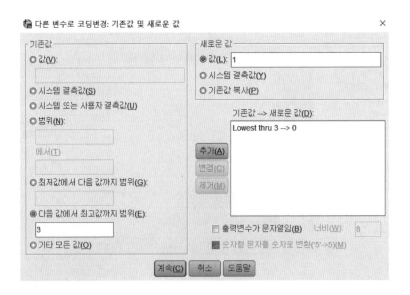

5. 확인을 클릭한다.

□ 건강한 자기관리 더미변수와 행복의 상호작용 변수 만들기

4. 변환(T) → 변수 계산(C)을 클릭한 후 다음 화면과 같이 설정하고 **확인**을 클릭한다.

[SPSS 출력결과 및 해석] - 조절효과의 시각적 표현을 위한 방법

28	G_BM	숫자	8	2		없음	없음	10	오른쪽	척도	입력
29	D1	숫자	8	2	교육정도=1	없음	없음	10	오른쪽	명목형	입력
30	D2	숫자	8	2	교육정도=2	없음	없음	10	오른쪽	명목형	입력
31	D3	숫자	8	2	교육정도=3	없음	없음	10	오른쪽	명목형	입력
32	BM_D1	숫자	8	2		없음	없음	10	오른쪽	척도	입력
33	BM_D2	숫자	8	2		없음	없음	10	오른쪽	척도	입력
34	BM_D3	숫자	8	2		없음	없음	10	오른쪽	척도	입력
35	D_BM	숫자	8	2	BM 더미변수(저=0, 고=1)	없음	없음	10	오른쪽	명목형	입력
36	Happiness_D_BM	숫자	8	2		없음	없음	16	오른쪽	척도	입력

Data Editor 윈도우의 변수 보기(V)에서 건강한 자기관리의 더미변수인 D_BM 변수와 더미변수와 행복의 상호작용을 나타내는 Happiness_D_BM 변수가 생성된 것을 확인할 수 있다. 이제 행복과 평화의 관계에서 건강한 자기관리의 더미변수 D_BM의 조절효과 모형을 분석할 차례이다.

[SPSS 명령]

1. 분석(A) → 회귀분석(R) → 선형(L)을 클릭한다.
2. 다음 화면과 같이 설정한 후 **확인**을 클릭한다.

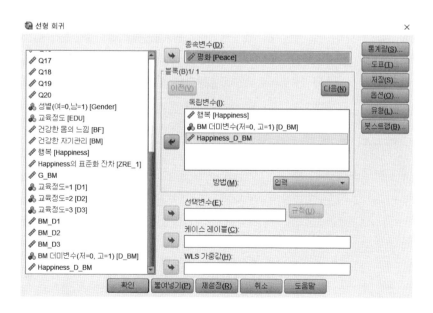

[SPSS 출력결과 및 해석]

계수ᵃ

모형		비표준화 계수 B	표준화 오류	표준화 계수 베타	t	유의확률
1	(상수)	1.664	.075		22.303	.000
	행복	.527	.022	.595	23.705	.000
	BM 더미변수(저=0, 고=1)	.736	.146	.542	5.052	.000
	Happiness_D_BM	-.176	.039	-.514	-4.529	.000

a. 종속변수: 평화

계수 출력결과를 살펴보면 건강한 자기관리가 3.0 이하인 집단의 경우 평화의 추정 회귀식은

$$\text{Peace} = 1.664 + 0.527 \times \text{Happiness}$$

이고, 건강한 자기관리가 3.0 초과인 집단의 경우 평화의 추정 회귀식은

$$\text{Peace} = (1.664 + 0.736) + (0.527 - 0.176) \times \text{Happiness}$$
$$= 2.4 + 0.351 \times \text{Happiness}$$

인 것을 확인할 수 있다. 이는 건강한 자기관리가 낮은 집단이 높은 집단보다 행복이 평화에 미치는 영향력이 크게 나타나고 있다는 것을 의미한다.

위계적 회귀분석 및
최적모형 탐색

1. 위계적 회귀분석
2. 최적모형 탐색을 위한 방법

1. 위계적 회귀분석

표본집단을 구성하고 있는 각 개체의 종속변수의 값이 다른 이유를 설명하고 예측하기 위한 통계모형에서 설명변수로 도입되는 변수들의 순서와 그 설명력, 그리고 새로운 설명변수가 도입될 때 이전에 도입된 설명변수가 종속변수에 미치는 영향력의 변화는 이론적, 현실적으로 중요한 의미를 내포하고 있는 경우가 많다. 종속변수에 영향을 미치는 변수들 중 성별, 학력, 결혼형태, 소득수준 등과 같이 유전적 요인, 환경적 요인을 나타내는 변수들은 이미 주어진 여건이나 환경으로 인구통계적 변인(socio-demographic variable) 또는 사회경제적 변인(socio-economic status variable)의 범주에 들어간다. 연구에서 이러한 인구통계적 변인에 대한 통제가 이루어지지 않았다면, 통계모형에서는 이러한 인구통계적 요인의 영향력을 우선적으로 제거하여야 한다. 따라서 일반적으로 종속변수에 대한 모형은 우선적으로 이러한 인구통계적 변인으로 구성하고, 그 다음 단계로, 종속변수에 영향을 미치는 설명변수의 영향력을 살펴보는 것이 바람직하다. 이 단계에서 고려되는 설명변수는 두 가지 종류로 나눌 수 있다고 본다. 한 종류는 성격, 긍정심리자본 등과 같이 기질(trait)의 영역에 들어가는 심리적인 변인으로 쉽게 고쳐지지 않는 개인의 타고난 성품이나 기질 등과 같은 변수들이며, 다른 종류는 행복감, 만족감 등과 같이 쉽게 변할 수 있는 심리적인 상태(state)의 영역에 들어가는 변수들이다. 따라서 종속변수에 영향을 미치는 설명변수를 1단계에서 인구통계적 변인의 영향력, 2단계에서 기질(trait) 영역에 속하는 변인의 영향력, 3단계에서 상태(state) 영역에 속하는 변인의 영향력을 살펴봄으로써 단계별 각 종류의 영향력이 어떻게 변화되는지를 살펴보는 것이 매우 의미가 있을 수도 있다. 위계적 회귀분석(hierarchical regression analysis)은 이러한 목적을 위한 적절한 분석방법이다.

평화(Peace)에 영향을 미치는 요인들에 해당되는 회귀계수가 단계별로 어떻게 변화하는지를 살펴보기 위하여 1단계에서 교육정도(EDU)와 성별(Gender)을 투입하고, 2단계에서 건강한 몸의 느낌(BF)과 건강한 자기관리(BM)를 투입하고, 3단계에서 행복(Happiness)을 투입하는 경우를 살펴보자.

우선 평화를 설명하기 위하여 1단계에 투입되는 변수는 성별과 교육정도이다. 성별(Gender)의 경우 더미변수로 정의되어 있기 때문에 문제가 없지만, 교육정도(EDU)의 경우는 1, 2, 3, 4로 코딩이 되어있다. 교육정도(EDU) 변수를 순위척도(ordinal scale) 또는 등간척도(interval scale)로 볼 수 있기 때문에 연속형 변수로 설정하여도 문제는 없다. 하지만 교육정도를 연속형 변수로 설정하여 평화를 설명하기 위한 설명변수로 투입할 경우, 교육정도의 수준에 따라서 평화가 선형적으로 증가하는 것이 아니기 때문에 교육정도를 연속형 변수로 설정하는 것보다는 교육정도를 각 수준을 나타내는 더미변수로 설정하는 것이 타당하다. 따라서 교육정도(EDU)가 1, 2, 3인 경우를 나타내는 더미변수 D1, D2, D3을 설명변수로 투입하면 교육정도(EDU)가 4인 집단은 비교집단이 되고, 이에 따라서 회귀계수의 의미를 해석하면 된다.

다음 단계로 평화를 설명하기 위해서 투입되는 변수는 건강한 자기관리(BM)와 건강한 몸의 느낌(BF) 변수이다. 이 중 어느 변수를 먼저 투입할지 여부는 관련된 연구에 대한 문헌연구 결과와 해당분야에 대한 연구자의 경험적인 지식을 바탕으로 연구를 진행하는 연구자가 선택할 문제라고 본다. 만일 관련된 연구결과가 없을 경우에는 제3유형 제곱합으로 종속변수의 전체 제곱합(total sum of squares)을 가장 많이 설명하는 변수를 먼저 투입하는 것이 한 가지 타당한 방법이다.

마지막 단계로 평화를 설명하기 위해서 투입되는 변수는 행복(Happiness)이다. 위와 같이 세 단계로 구성된 위계적 회귀분석을 수행하는 방법은 다음과 같다.

[SPSS 명령] – 단계별 투입되는 변수 간의 투입되는 순서 결정하는 방법

1. 분석(A) → 일반선형모형(G) → 일변량(U)

2. 재설정(R)을 클릭한 후 아래 화면과 같이 설정한다.

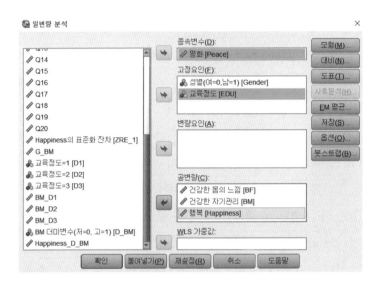

3. 모형(M)을 클릭한 후 아래 화면과 같이 설정하고 **계속(C)**을 클릭한다.

4. 확인을 클릭한다.

[SPSS 출력결과 및 해석]

개체-간 효과 검정

종속변수: 평화

소스	제 III 유형 제 곱합	자유도	평균제곱	F	유의확률
수정된 모형	289.885[a]	7	41.412	135.056	.000
절편	207.725	1	207.725	677.444	.000
Gender	2.430	1	2.430	7.924	.005
EDU	6.783	3	2.261	7.373	.000
BF	1.182	1	1.182	3.855	.050
BM	2.344	1	2.344	7.644	.006
Happiness	138.012	1	138.012	450.094	.000
오차	594.249	1938	.307		
전체	25488.994	1946			
수정된 합계	884.134	1945			

a. R 제곱 = .328 (수정된 R 제곱 = .325)

위의 출력결과를 살펴보면, 위계적 회귀분석을 위한 3단계 중 1단계에서 투입된 변수인 성별(Gender)이 전체 제곱합(수정된 합계) 중 2.43을 설명하고, 교육정도(EDU)는 6.783을 설명한다. 따라서 두 변수 중 교육정도(EDU)가 성별(Gender) 보다 개인의 평화 점수가 다른 이유를 설명하기에 더 중요한 변수라는 것을 알 수 있다. 따라서 1단계에서 교육정도(EDU), 성별(Gender)의 순으로 변수를 투입하는 것이 적절하다. 위계적 회귀분석의 2단계 모형에서는 교육정도와 성별 외에 추가적으로 건강한 자기관리(BM)와 건강한 몸의 느낌(BF)을 상정하고 있다. 전체 제곱합 중 건강한 몸의 느낌(BF)에 의해서 1.182가 설명되고 있고, 건강한 자기관리(BM)에 의해서는 2,344가 설명되고 있다. 따라서 건강한 자기관리(BM)가 건강한 몸의 느낌(BF) 보다 평화를 설명하기에 더 중요한 변수라는 것을 알 수 있다. 따라서 2단계에서 건강한 자기관리(BM), 건강한 몸의 느낌(BF)의 순으로 변수를 투입하는 것이 적절하다. 평화에 대한 위계적 회귀분석의 3단계 모형에서는 행복을 상정하고 있다. 따라서 평화에 대한 위계적 회귀분석은 1단계; 교육정도(EDU), 성별(Gender), 2단계; 건강한 자기관리(BM), 건강한 몸의 느낌(BF), 3단계; 행복(Happiness)을 투입하여 분석하면 된다.

1. **분석(A) → 회귀분석(R) → 선형(L)**을 클릭하고 아래 화면과 같이 설정한 후 **다음(N)**을 클릭한다.

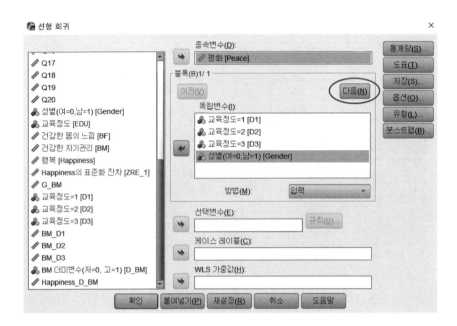

2. 아래 화면과 같이 설정한 후 **다음(N)**을 클릭한다.

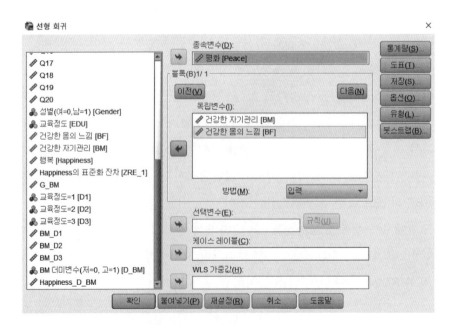

3. 아래 화면과 같이 설정한 후 **통계량(S)**을 클릭한다.

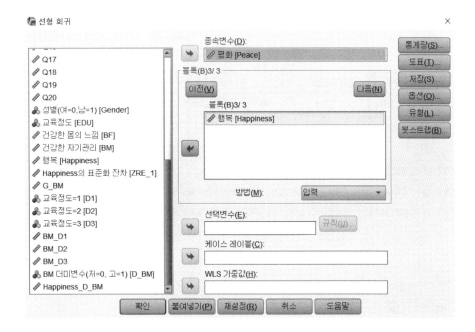

4. 다음 화면과 같이 설정한 후 **계속(C)**을 클릭하고 **확인**을 클릭한다.

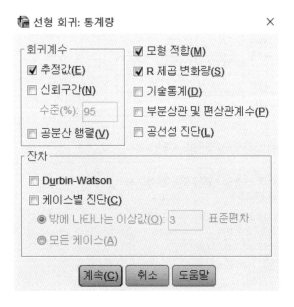

[SPSS 출력결과 및 해석]

모형 요약

모형	R	R 제곱	수정된 R 제곱	추정값의 표준오차	R 제곱 변화량	통계량 변화량 F 변화량	자유도1	자유도2	유의확률 F 변화량
1	.136[a]	.018	.016	.6687	.018	9.103	4	1941	.000
2	.414[b]	.172	.169	.6145	.153	179.522	2	1939	.000
3	.573[c]	.328	.325	.5537	.156	450.094	1	1938	.000

a. 예측자: (상수), 성별(여=0,남=1), 교육정도=2, 교육정도=1, 교육정도=3

b. 예측자: (상수), 성별(여=0,남=1), 교육정도=2, 교육정도=1, 교육정도=3, 건강한 몸의 느낌, 건강한 자기관리

c. 예측자: (상수), 성별(여=0,남=1), 교육정도=2, 교육정도=1, 교육정도=3, 건강한 몸의 느낌, 건강한 자기관리, 행복

ANOVA[a]

모형		제곱합	자유도	평균제곱	F	유의확률
1	회귀	16.281	4	4.070	9.103	.000[b]
	잔차	867.854	1941	.447		
	전체	884.134	1945			
2	회귀	151.873	6	25.312	67.026	.000[c]
	잔차	732.261	1939	.378		
	전체	884.134	1945			
3	회귀	289.885	7	41.412	135.056	.000[d]
	잔차	594.249	1938	.307		
	전체	884.134	1945			

a. 종속변수: 평화

b. 예측자: (상수), 성별(여=0,남=1), 교육정도=2, 교육정도=1, 교육정도=3

c. 예측자: (상수), 성별(여=0,남=1), 교육정도=2, 교육정도=1, 교육정도=3, 건강한 몸의 느낌, 건강한 자기관리

d. 예측자: (상수), 성별(여=0,남=1), 교육정도=2, 교육정도=1, 교육정도=3, 건강한 몸의 느낌, 건강한 자기관리, 행복

계수ª

모형		비표준화 계수 B	표준화 오류	표준화 계수 베타	t	유의확률
1	(상수)	3.743	.050		74.959	.000
	교육정도=1	-.009	.065	-.004	-.141	.888
	교육정도=2	-.211	.056	-.134	-3.733	.000
	교육정도=3	-.195	.052	-.144	-3.772	.000
	성별(여=0,남=1)	-.075	.031	-.055	-2.412	.016
2	(상수)	2.599	.076		34.070	.000
	교육정도=1	-.068	.060	-.033	-1.138	.255
	교육정도=2	-.212	.052	-.135	-4.074	.000
	교육정도=3	-.185	.048	-.137	-3.883	.000
	성별(여=0,남=1)	-.119	.029	-.087	-4.150	.000
	건강한 자기관리	.192	.023	.224	8.303	.000
	건강한 몸의 느낌	.188	.024	.212	7.882	.000
3	(상수)	1.847	.077		23.890	.000
	교육정도=1	-.007	.054	-.003	-.126	.899
	교육정도=2	-.135	.047	-.086	-2.880	.004
	교육정도=3	-.149	.043	-.111	-3.484	.001
	성별(여=0,남=1)	-.073	.026	-.053	-2.815	.005
	건강한 자기관리	.060	.022	.070	2.765	.006
	건강한 몸의 느낌	.044	.022	.050	1.963	.050
	행복	.433	.020	.488	21.215	.000

a. 종속변수: 평화

위의 출력결과를 이용하여 위계적 회귀분석의 단계별 분석결과를 나타내는 표를 작성할 수 있으며, 그 결과는 〈표 5-1〉과 같다.

〈표 5-1〉 평화에 대한 위계적 회귀분석

		비표준화 계수(B)		
		1단계	2단계	3단계
인구통계적 변인	상수	3.743	2.599	1.847
	[EDU = 1] 집단 더미변수	−0.009	−0.068	−0.007
	[EDU = 2] 집단 더미변수	−0.211***	−0.212***	−0.135**
	[EDU = 3] 집단 더미변수	−0.195***	−0.185***	−0.149**
	성별(Gender) 더미변수	−0.075*	−0.119***	−0.073**
건강관리 변수	건강한 자기관리(BM)		0.192***	0.060**
	건강한 몸의 느낌(BF)		0.188***	0.044*

		비표준화 계수(B)		
		1단계	2단계	3단계
감정 변수	행복(Happiness)			0.433***
	R^2	.018	.172	.328
	ΔR^2	–	.153	.156
	F-값	9.103	67.026	135.056
	자유도	(4, 1941)	(6, 1939)	(7, 1938)
	유의확률	< .001	< .001	< .001

주) *** p<.001, ** p<.01, * p<.05

위의 출력결과에서 3단계에서 교육정도가 1인 집단에 대한 회귀계수가 통계적으로 유의하지 않게 나타났다. 따라서 최종모형에서 통계적으로 유의하지 않은 변수를 제거한 모형의 결과를 추가적으로 보고할 수가 있으며 그 방법은 다음과 같다.

[SPSS 명령]

1. **분석(A) → 회귀분석(R) → 선형(L)**을 클릭하고 아래 화면과 같이 설정한 후 **확인**을 클릭한다.

[SPSS 출력결과 및 해석]

모형 요약

모형	R	R 제곱	수정된 R 제곱	추정값의 표준 오차	통계량 변화량				
					R 제곱 변화량	F 변화량	자유도1	자유도2	유의확률 F 변화량
1	.136[a]	.018	.017	.6685	.018	12.137	3	1942	.000
2	.414[b]	.171	.169	.6146	.153	178.859	2	1940	.000
3	.573[c]	.328	.326	.5536	.157	451.902	1	1939	.000

a. 예측자: (상수), 성별(여=0,남=1), 교육정도=2, 교육정도=3
b. 예측자: (상수), 성별(여=0,남=1), 교육정도=2, 교육정도=3, 건강한 몸의 느낌, 건강한 자기관리
c. 예측자: (상수), 성별(여=0,남=1), 교육정도=2, 교육정도=3, 건강한 몸의 느낌, 건강한 자기관리, 행복

ANOVA[a]

모형		제곱합	자유도	평균제곱	F	유의확률
1	회귀	16.272	3	5.424	12.137	.000[b]
	잔차	867.863	1942	.447		
	전체	884.134	1945			
2	회귀	151.384	5	30.277	80.160	.000[c]
	잔차	732.750	1940	.378		
	전체	884.134	1945			
3	회귀	289.881	6	48.313	157.643	.000[d]
	잔차	594.254	1939	.306		
	전체	884.134	1945			

a. 종속변수: 평화
b. 예측자: (상수), 성별(여=0,남=1), 교육정도=2, 교육정도=3
c. 예측자: (상수), 성별(여=0,남=1), 교육정도=2, 교육정도=3, 건강한 몸의 느낌, 건강한 자기관리
d. 예측자: (상수), 성별(여=0,남=1), 교육정도=2, 교육정도=3, 건강한 몸의 느낌, 건강한 자기관리, 행복

계수[a]

모형		비표준화 계수		표준화 계수	t	유의확률
		B	표준화 오류	베타		
1	(상수)	3.738	.034		110.573	.000
	교육정도=2	-.206	.044	-.131	-4.642	.000
	교육정도=3	-.190	.038	-.141	-4.980	.000
	성별(여=0,남=1)	-.075	.031	-.054	-2.416	.016
2	(상수)	2.563	.070		36.815	.000
	교육정도=2	-.175	.041	-.111	-4.290	.000
	교육정도=3	-.148	.035	-.110	-4.212	.000
	성별(여=0,남=1)	-.115	.028	-.084	-4.030	.000
	건강한 자기관리	.189	.023	.221	8.231	.000
	건강한 몸의 느낌	.189	.024	.213	7.956	.000
3	(상수)	1.844	.071		25.864	.000
	교육정도=2	-.132	.037	-.084	-3.573	.000
	교육정도=3	-.146	.032	-.108	-4.596	.000
	성별(여=0,남=1)	-.073	.026	-.053	-2.827	.005
	건강한 자기관리	.060	.022	.070	2.768	.006
	건강한 몸의 느낌	.044	.022	.050	1.970	.049
	행복	.433	.020	.488	21.258	.000

a. 종속변수: 평화

위의 출력결과를 이용하여 〈표 5-2〉와 같이 위계적 회귀분석의 단계별 분석결과를 표로 작성할 수 있다.

〈표 5-2〉 평화에 대한 위계적 회귀분석

| | | 비표준화 계수(B) | | | |
		1단계	2단계	3단계	4단계
	상수	3.743***	2.599***	1.847***	1.844***
인구통계적 변인	[EDU = 1] 집단 더미변수	−0.009	−0.068	−0.007	
	[EDU = 2] 집단 더미변수	−0.211***	−0.212***	−0.135**	−0.132***
	[EDU = 3] 집단 더미변수	−0.195***	−0.185***	−0.149***	−0.146***
	성별(Gender)	−0.075*	−0.119***	−0.073**	−0.073**
건강관리 변수	건강한 자기관리(BM)		0.192***	0.060**	0.060**
	건강한 몸의 느낌(BF)		0.188***	0.044*	0.044*
감정 변수	행복(Happiness)			0.433***	0.433***
R^2		.018	.172	.328	.328
ΔR^2		−	.153	.156	−
F-값		9.103	67.026	135.056	157.643
자유도		(4, 1941)	(6, 1939)	(7, 1938)	(6, 1939)
유의확률		< .001	< .001	< .001	< .001

주) *** p<.001, ** p<.01, * p<.05

[위계적 회귀분석을 사용한 조절효과 분석]

일반적인 위계적 회귀분석은 새로운 단계에서 설명변수가 투입될 경우 회귀계수가 어떻게 변화하는지를 파악하고 이해하기 위한 것이 주목적이라고 볼 수 있다. 하지만 단계별 변화를 새로운 변수가 투입될 경우 기존의 변수에 해당되는 회귀계수에 어떠한 영향을 미치는지를 투입된 변수들의 주효과만으로 살펴볼 경우 변수 간의 조절효과는 간과되고 있는 것이 현실이다. 연구자의 입장에서는 새로운 변수가 투입될 경우의 회귀계수의 변화뿐만 아니라 기존의 설명변수(또는 새롭게 투입된 변수)와 종속변수의 관계에서 새롭게 투입된 변수(또는 기존변수)의 조절효과가 있는지 여부도 검증할 필요가 있고, 또한 조절효과가 있을 경우 이전 단계에서의 회귀계수와 조절효과 모형에서의 회귀계수를 비교하여 해석하는 것이 유용할 경우가 많다고 본다. 이러한 목적을 위해서는 위계적 회귀분석의 단계에 조절효과를 고려한 모형을 마지막 단계에 추가하는 것이 적절하다.

평화(Peace)에 대한 조절효과 모형을 위계적 회귀분석으로 살펴보기 위하여 1단계에서 성별(Gender)을 투입하고, 2단계에서 건강한 몸의 느낌(BF)과 건강한 자기관리(BM)을 투입하고, 3단계에서 행복(Happiness)을 투입하고, 4단계에서 상호작용(interaction)을 투입하는 경우를 살펴보자.

[SPSS 명령] – 단계별 투입되는 변수의 투입 순서 및 최종모형 결정 방법

1. **분석(A)** → **일반선형모형(G)** → **일변량(U)**
2. **재설정(R)**을 클릭한 후 아래 화면과 같이 설정한다.

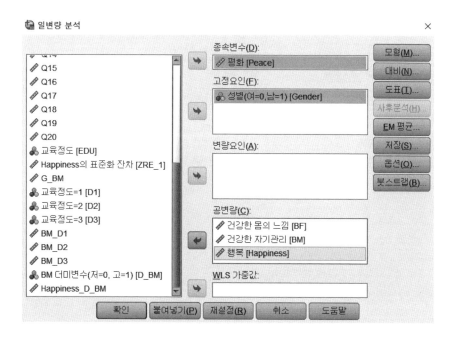

3. **모형(M)**을 클릭한 후 아래 화면과 같이 설정한 후 **계속(C)**을 클릭한다.

   [**요인 및 공변량(F)**: 상자에 있는 각 변수들을 Gender, BM, BF, Happiness 순서로

더블클릭하여 **모형(M):** 상자로 보낸 후에 Gender 변수를 클릭한 상태에서 Shift 키를 누른 후에 Happiness 변수를 클릭하여 네 변수를 모두 선택한 다음, **유형(P):** 상자에서 모든 **2원 효과**를 선택하여  버튼을 누르면 선택된 변수간의 상호작용 항이 모형에 포함된다.]

4. 확인을 클릭한다.

[SPSS 출력결과 및 해석]

개체-간 효과 검정

종속변수: 평화

소스	제 III 유형 제곱합	자유도	평균제곱	F	유의확률
수정된 모형	301.062[a]	10	30.106	99.911	.000
절편	1.877	1	1.877	6.228	.013
Gender	9.247	1	9.247	30.687	.000
BF	.988	1	.988	3.278	.070
BM	.998	1	.998	3.312	.069
Happiness	30.272	1	30.272	100.462	.000
BF * BM	.507	1	.507	1.682	.195
Gender * BF	.558	1	.558	1.853	.174
BF * Happiness	1.851	1	1.851	6.142	.013
Gender * BM	.687	1	.687	2.279	.131
BM * Happiness	1.425	1	1.425	4.730	.030
Gender * Happiness	.930	1	.930	3.086	.079
오차	583.072	1935	.301		
전체	25488.994	1946			
수정된 합계	884.134	1945			

a. R 제곱 = .341 (수정된 R 제곱 = .337)

위의 출력결과를 살펴보면 건강한 자기관리와 건강한 몸의 느낌의 상호작용 (BM*BF)에 대한 유의확률이 .195로 통계적으로 유의하지 않게 나타났다. 이를 모형에 서 제거할 필요가 있다.

[SPSS 명령]

1. 분석(A) → 일반선형모형(G) → 일변량(U)
2. 모형(M)을 클릭한 후 아래 화면과 같이 설정하고 **계속(C)**을 클릭하고 확인을 클릭한 다[**모형(M)**: 대화상자에서 변수 BF*BM을 클릭한 후 **유형(P)**: 밑에 있는 ■ 버튼을 클릭하면 모형에서 제거된다].

3. 확인을 클릭한다.

[SPSS 출력결과 및 해석]

개체-간 효과 검정

종속변수: 평화

소스	제 III 유형 제곱합	자유도	평균제곱	F	유의확률
수정된 모형	300.555ᵃ	9	33.395	110.787	.000
절편	1.622	1	1.622	5.382	.020
Gender	9.465	1	9.465	31.401	.000
BF	1.907	1	1.907	6.327	.012
BM	1.908	1	1.908	6.329	.012
Happiness	45.605	1	45.605	151.293	.000
Gender * BF	.611	1	.611	2.028	.155
BF * Happiness	1.443	1	1.443	4.789	.029
Gender * BM	.798	1	.798	2.647	.104
BM * Happiness	1.033	1	1.033	3.427	.064
Gender * Happiness	.831	1	.831	2.758	.097
오차	583.579	1936	.301		
전체	25488.994	1946			
수정된 합계	884.134	1945			

a. R 제곱 = .340 (수정된 R 제곱 = .337)

위의 출력결과를 살펴보면 성별과 건강한 몸의 느낌의 상호작용(Gender*BF)에 대한 유의확률이 .155로 통계적으로 유의하지 않게 나타났다. 이를 모형에서 제거할 필요가 있다.

[SPSS 명령]

1. 분석(A) → 일반선형모형(G) → 일변량(U)
2. 모형(M)을 클릭한 후 아래 화면과 같이 설정하고 **계속(C)**을 클릭한다.

   [**모형(M)**: 대화상자에서 변수 BF*Gender를 클릭한 후 **유형(P)**: 밑에 있는 ◀ 버튼을 클릭하면 모형에서 제거된다.]

3. **확인**을 클릭한다.

[SPSS 출력결과 및 해석]

개체-간 효과 검정

종속변수: 평화

소스	제 III 유형 제곱합	자유도	평균제곱	F	유의확률
수정된 모형	299.944ᵃ	8	37.493	124.316	.000
절편	1.541	1	1.541	5.110	.024
Gender	8.854	1	8.854	29.359	.000
BF	1.884	1	1.884	6.247	.013
BM	1.978	1	1.978	6.559	.011
Happiness	46.582	1	46.582	154.450	.000
BF * Happiness	1.490	1	1.490	4.939	.026
Gender * BM	2.161	1	2.161	7.165	.007
BM * Happiness	1.054	1	1.054	3.493	.062
Gender * Happiness	1.467	1	1.467	4.864	.028
오차	584.190	1937	.302		
전체	25488.994	1946			
수정된 합계	884.134	1945			

a. R 제곱 = .339 (수정된 R 제곱 = .337)

위의 출력결과에서 건강한 자기관리와 행복의 상호작용(BM*Happiness)에 대한 유의
확률이 .062로 통계적으로 유의하지 않게 나타났기 때문에 이를 모형에서 제거할 필요
가 있다(물론 연구자에 따라서 유의확률 .1을 기준으로 통계적 유의성을 판단할 수도 있다).

[SPSS 명령]

1. 분석(A) → 일반선형모형(G) → 일변량(U)
2. 모형(M)을 클릭한 후 아래 화면과 같이 설정하고 **계속(C)**을 클릭한다.

   [모형(M): 대화상자에서 변수 BM*Happiness를 클릭한 후 **유형(P)**: 밑에 있는 ◀ 버
   튼을 클릭하면 모형에서 제거된다.]

3. 확인을 클릭한다.

[SPSS 출력결과 및 해석]

개체-간 효과 검정

종속변수: 평화

소스	제 III 유형 제곱합	자유도	평균제곱	F	유의확률
수정된 모형	298.891[a]	7	42.699	141.394	.000
절편	2.649	1	2.649	8.772	.003
Gender	8.738	1	8.738	28.937	.000
BF	9.519	1	9.519	31.522	.000
BM	3.820	1	3.820	12.651	.000
Happiness	46.451	1	46.451	153.821	.000
BF * Happiness	8.606	1	8.606	28.497	.000
Gender * BM	2.092	1	2.092	6.928	.009
Gender * Happiness	1.465	1	1.465	4.850	.028
오차	585.244	1938	.302		
전체	25488.994	1946			
수정된 합계	884.134	1945			

a. R 제곱 = .338 (수정된 R 제곱 = .336)

출력결과에서 모형과 관계된 유의확률이 모두 .05보다 작게 나타났다. 이는 평화를 설명하기 위한 모형이 적합하다는 것을 의미한다. 위의 출력결과를 토대로 4개의 단계로 구성되는 위계적 회귀분석을 실시할 수 있다. 1단계에서 성별(Gender)을 투입하고, 2단계에서 건강한 몸의 느낌(BF)과 건강한 자기관리(BM)을 투입하고, 3단계에서 행복(Happiness)을 투입하고, 4단계에서 건강한 자기관리와 행복의 상호작용(BF*Happiness), 성별과 건강한 자기관리의 상호작용(Gender*BM), 성별과 행복의 상호작용(Gender*Happiness)을 투입하면 된다.

SPSS를 이용하여 위계적 회귀분석을 시행하는 방법은 상호작용이 없는 경우 회귀분석[**회귀분석(R) → 선형(L)**]을 이용하면 문제가 없다. 하지만 변수 간의 상호작용이 있는 경우, 특히 더미변수와 연속형 변수간의 상호작용이 있는 경우에는 회귀분석을 이용할 경우 설명변수 간의 다중공선성(multicollinearity)의 문제가 발생하여 회귀계수의 추정에 문제가 발생할 수 있다. 따라서 이러한 문제가 없는 일반선형모형[**일반선형모형 (G) → 일변량(U)**]을 이용하는 방법이 더 효과적이다.

[SPSS 명령] – 조절효과가 있는 위계적 회귀분석 1단계

1. **분석(A) → 일반선형모형(G) → 일변량(U)**을 클릭한다.
2. **재설정(R)**을 클릭한 후 아래 화면과 같이 설정하고 **옵션(O)**을 클릭한다.

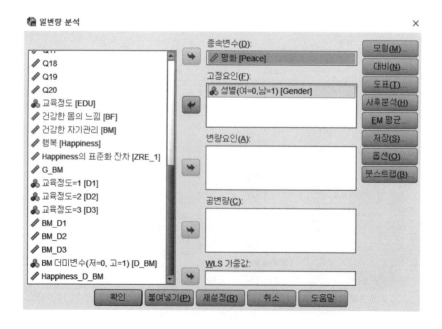

3. 확인을 클릭한다.

[SPSS 출력결과 및 해석] – 조절효과가 있는 위계적 회귀분석 1단계

개체-간 효과 검정

종속변수: 평화

소스	제 III 유형 제 곱합	자유도	평균제곱	F	유의확률
수정된 모형	3.316[a]	1	3.316	7.317	.007
절편	23727.181	1	23727.181	52366.782	.000
Gender	3.316	1	3.316	7.317	.007
오차	880.819	1944	.453		
전체	25488.994	1946			
수정된 합계	884.134	1945			

a. R 제곱 = .004 (수정된 R 제곱 = .003)

모수 추정값

종속변수: 평화

모수	B	표준오차	t	유의확률	95% 신뢰구간 하한	95% 신뢰구간 상한
절편	3.506	.024	147.337	.000	3.460	3.553
[Gender=0]	.084	.031	2.705	.007	.023	.145
[Gender=1]	0[a]	.	.	.	.	.

a. 현재 모수는 중복되므로 0으로 설정됩니다.

[SPSS 명령] – 조절효과가 있는 위계적 회귀분석 2단계

1. 분석(A) → 일반선형모형(G) → 일변량(U)을 클릭한다.

2. 재설정(R)을 클릭한 후 아래 화면과 같이 설정하고 **모형(M)**을 클릭한다.

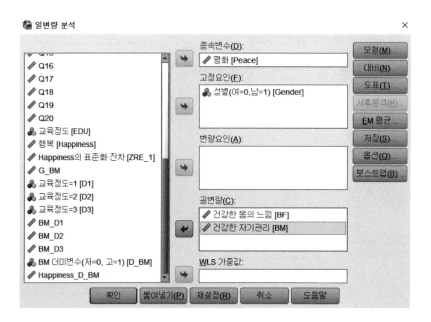

3. 아래 화면과 같이 설정하고 **계속(C)**을 클릭한다.

4. **옵션(O)**을 클릭한 후 아래 화면과 같이 설정하고 **계속(C)**을 클릭하고 확인을 클릭한다.

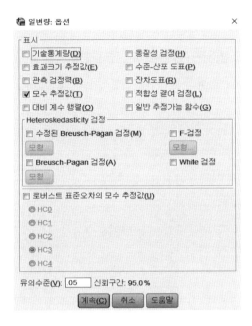

[SPSS 출력결과 및 해석] – 조절효과가 있는 위계적 회귀분석 2단계

개체-간 효과 검정

종속변수: 평화

소스	제 III 유형 제 곱합	자유도	평균제곱	F	유의확률
수정된 모형	142.880[a]	3	47.627	124.776	.000
절편	526.830	1	526.830	1380.231	.000
Gender	7.018	1	7.018	18.386	.000
BF	23.905	1	23.905	62.627	.000
BM	27.170	1	27.170	71.182	.000
오차	741.255	1942	.382		
전체	25488.994	1946			
수정된 합계	884.134	1945			

a. R 제곱 = .162 (수정된 R 제곱 = .160)

모수 추정값

종속변수: 평화

모수	B	표준오차	t	유의확률	95% 신뢰구간 하한	상한
절편	2.307	.067	34.503	.000	2.176	2.438
[Gender=0]	.122	.029	4.288	.000	.066	.178
[Gender=1]	0[a]	.	.	.	.	.
BF	.189	.024	7.914	.000	.142	.236
BM	.195	.023	8.437	.000	.150	.240

a. 현재 모수는 중복되므로 0으로 설정됩니다.

[SPSS 명령] – 조절효과가 있는 위계적 회귀분석 3단계

1. **분석(A)** → **일반선형모형(G)** → **일변량(U)**을 클릭한다.

2. **재설정(R)**을 클릭한 후 아래 화면과 같이 설정하고 **모형(M)**을 클릭한다.

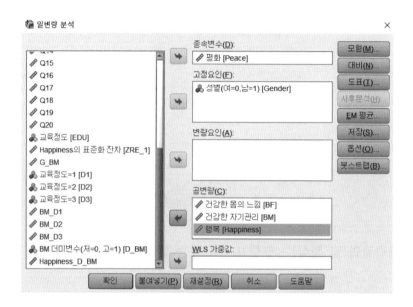

3. 아래 화면과 같이 설정하고 **계속**을 클릭한다.

4. 옵션(O)을 클릭한 후 아래 화면과 같이 설정하고 **계속(C)**을 클릭하고 확인을 클릭한다.

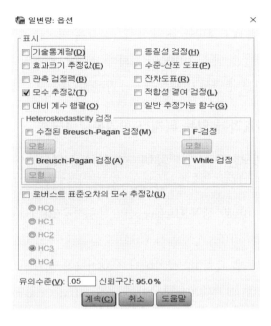

[SPSS 출력결과 및 해석] – 조절효과가 있는 위계적 회귀분석 3단계

개체-간 효과 검정

종속변수: 평화

소스	제 III 유형 제곱합	자유도	평균제곱	F	유의확률
수정된 모형	283.103[a]	4	70.776	228.566	.000
절편	200.962	1	200.962	648.996	.000
Gender	2.978	1	2.978	9.619	.002
BF	1.128	1	1.128	3.642	.056
BM	2.789	1	2.789	9.007	.003
Happiness	140.223	1	140.223	452.844	.000
오차	601.031	1941	.310		
전체	25488.994	1946			
수정된 합계	884.134	1945			

a. R 제곱 = .320 (수정된 R 제곱 = .319)

모수 추정값

종속변수: 평화

모수	B	표준오차	t	유의확률	95% 신뢰구간 하한	95% 신뢰구간 상한
절편	1.639	.068	24.138	.000	1.506	1.772
[Gender=0]	.080	.026	3.101	.002	.029	.131
[Gender=1]	0[a]	.	.	.	.	.
BF	.043	.023	1.908	.056	-.001	.087
BM	.065	.022	3.001	.003	.023	.108
Happiness	.435	.020	21.280	.000	.394	.475

a. 현재 모수는 중복되므로 0으로 설정됩니다.

모수 추정값 출력결과를 살펴보면, 건강한 몸의 느낌(BF)에 해당되는 유의확률이 .056으로 일반적인 유의확률 .05보다는 크지만, 사회과학에서 약한 유의성 판단을 위해서 허용될 수 있는 값인 0.1 보다는 작다. 이를 평화에 미치는 성별의 영향력을 제하고 나서 추가적으로 건강한 몸의 느낌(BF)이 평화에 미치는 영향의 통계적 유의성이 약하지만 그 영향력이 없다고 주장하기에는 근거가 부족하다는 것으로 해석할 수도 있다.

[SPSS 명령] – 조절효과가 있는 위계적 회귀분석 4단계

1. 분석(A) → 일반선형모형(G) → 일변량(U) → 모형(M)을 클릭한 후 아래 화면과 같이 설정한다.

　[건강한 몸의 느낌(BF)과 행복(Happiness)의 상호작용-(BF*Happiness)을 정의하기 위해서는 요인 및 공변량(F): 상자에서 **BF** 변수를 클릭하고 **Ctrl** 키를 누르고 Happiness 변수를 클릭한 후 유형(P): 상자에서 상호작용을 선택한 후 ⬇ 버튼을 누른다. 건강한 자기관리(BM)와 성별(Gender)의 상호작용-(BM*Gender), 성별(Gender)과 행복(Happiness)의 상호작용-(Gender*Happiness)에 대한 설정도 같은 방법으로 한다.]

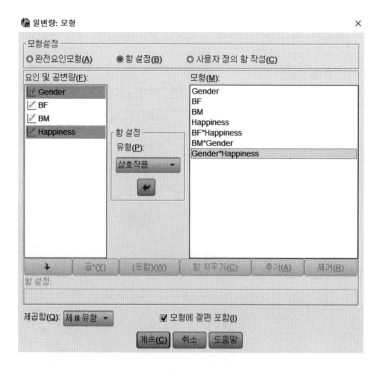

2. 계속(C)을 클릭한 후 **확인**을 클릭한다.

[SPSS 출력결과 및 해석] – 조절효과가 있는 위계적 회귀분석 4단계

개체-간 효과 검정

종속변수: 평화

소스	제 III 유형 제 곱합	자유도	평균제곱	F	유의확률
수정된 모형	298.891[a]	7	42.699	141.394	.000
절편	2.649	1	2.649	8.772	.003
Gender	8.738	1	8.738	28.937	.000
BF	9.519	1	9.519	31.522	.000
BM	3.820	1	3.820	12.651	.000
Happiness	46.451	1	46.451	153.821	.000
BF * Happiness	8.606	1	8.606	28.497	.000
Gender * BM	2.092	1	2.092	6.928	.009
Gender * Happiness	1.465	1	1.465	4.850	.028
오차	585.244	1938	.302		
전체	25488.994	1946			
수정된 합계	884.134	1945			

a. R 제곱 = .338 (수정된 R 제곱 = .336)

모수 추정값

종속변수: 평화

모수	B	표준오차	t	유의확률	95% 신뢰구간 하한	95% 신뢰구간 상한
절편	.266	.219	1.215	.224	-.163	.694
[Gender=0]	.682	.127	5.379	.000	.433	.930
[Gender=1]	0[a]	.	.	.	.	.
BF	.395	.070	5.614	.000	.257	.534
BM	.128	.032	4.051	.000	.066	.190
Happiness	.783	.065	12.028	.000	.656	.911
BF * Happiness	-.101	.019	-5.338	.000	-.138	-.064
[Gender=0] * BM	-.100	.038	-2.632	.009	-.175	-.026
[Gender=1] * BM	0[a]	.	.	.	.	.
[Gender=0] * Happiness	-.087	.040	-2.202	.028	-.165	-.010
[Gender=1] * Happiness	0[a]	.	.	.	.	.

a. 현재 모수는 중복되므로 0으로 설정됩니다.

위의 출력결과들을 토대로 4개의 단계로 구성되는 위계적 회귀분석 결과를 정리하면 〈표 5-3〉과 같다.

〈표 5-3〉 평화에 대한 위계적 회귀분석 – 조절효과 모형

		비표준화 계수(B)			
		1단계	2단계	3단계	4단계
	상수	3.506***	2.307***	1.639***	0.266
인구통계적 변인	[Gender = 0] 집단 더미변수	0.084**	0.122***	0.080**	0.682***
	[Gender = 1] 집단 더미변수	–			
건강관리 변수	건강한 몸의 느낌(BF)		0.189***	0.043⁺	0.395***
	건강한 자기관리(BM)		0.195***	0.065**	0.128***
감정 변수	행복(Happiness)			0.435***	0.783***
상호작용	BF*Happiness				−0.101***
	[Gender = 0]*BM				0.100**
	[Gender = 1]*BM				–
	[Gender = 0]*Happiness				−0.087*
	[Gender = 1]*Happiness				–
	R^2	.004	.162	.320	.338
	ΔR^2	–	.162	.158	.018
	F-값	7.317	124.776	228.566	141.394
	자유도	(1, 1944)	(3, 1942)	(4, 1941)	(7, 1938)
	유의확률	.007	< .001	< .001	< .001

주) *** $p<.001$, ** $p<.01$, * $p<.05$, + $p<.1$

위계적 회귀분석의 결과에 대한 해석의 일례를 〈표 5-3〉을 토대로 살펴보자. 1단계에서는 기준 성별인 남성(Gender = 1)에 비하여 여성의 평화 점수가 더 높다는 것을 의미한다. 2단계에서는 1단계 모형에 건강한 몸의 느낌(BF)과 건강한 자기관리(BM)를 추가적으로 투입할 경우 성별의 차에 의한 남녀 간의 평화 점수는 좀 더 차이가 나면서, 건강한 몸의 느낌, 건강한 자기관리 또한 평화에 통계적으로 유의한 영향을 미치고 있고, 건강한 자기관리(BM)가 건강한 몸의 느낌(BM)보다 평화에 미치는 영향력이 조금 더 크다는 것을 알 수 있다. 여기서 영향력의 크기는 설명변수가 1점 증가할 때 종속변수에 몇 점 증가하는지를 나타내는 값으로 설명변수들이 동일한 형태의 Likert 5점 척도로 구성이 되었기 때문에 직접적인 비교가 가능하다. 설명변수의 척도 형태가 동일하지 않을 경우에는 동일한 형태로 변환하여 사용하는 것이 비표준화계수로 영향력을 비교하기에 수월하다. 3단계에서는 2단계 모형에 추가적으로 행복(Happiness)이 투입될 경우 남녀 간의 평화 점수의 차이는 2단계에 비하여 줄어들고, 행복의 영향력(0.435)은 상대적으로 크게 나타나면서, 건강한 자기관리가 평화에 미치는 영향력(0.065)과 건강한 몸의 느낌이 평화에 미치는 영향력(0.043)은 상대적으로 줄어들고 있음을 알 수 있다. 이는 행복이 건강한 자기관리나 건강한 몸의 느낌 보다 평화에 미치는 영향력이 더 큰 변수라는 것을 의미한다. 4단계에서는 상호작용이 있기 때문에 추정 회귀식을 작성하여 각 변수의 평화에 대한 영향력을 살펴보아야 한다. 우선 기준 성별인 남자(Gender = 1)의 경우, 추정 회귀식은

$$Peace = 0.266 + 0.395 \times BF + 0.128 \times BM + 0.783 \times Happiness$$
$$- 0.101 \times BF*Happiness$$

이고, 여자(Gender = 0)의 경우 추정 회귀식은

$$Peace = 0.266 + 0.682 + 0.395 \times BF + 0.128 \times BM + 0.783 \times Happiness$$
$$- 0.101 \times BF*Happiness - 0.100 \times BM - 0.087 \times Happiness$$
$$= 0.948 + 0.395 \times BF + 0.028 \times BM + 0.596 \times Happiness$$
$$- 0.101 \times BF*Happiness$$

이다. 이는 남녀 모두 각 점수가 1점 증가할 경우 평화에 미치는 영향력의 크기는 행복과 평화의 관계에서 건강한 몸의 느낌은 조절변수 역할(또는 건강한 몸의 느낌과 평화의 관계에서 행복은 조절변수 역할)을 하고 있는 것으로 나타났다. 이는 건강한 몸의 느낌의 고/저에 따라서 두 집단으로 나눌 경우, 건강한 몸의 느낌이 낮은 집단에 비하여 건강한 몸의 느낌이 높은 집단의 행복이 평화에 미치는 영향력이 0.101 만큼 줄어든다는 것을 의미한다.

2. 최적모형 탐색을 위한 방법

이상적인 연구는 연구주제와 관련된 문헌연구를 토대로 연구모형과 연구가설을 작성한 다음, 연구설계를 통하여 데이터를 수집하고, 연구가설을 검증하기 위한 통계분석을 시행하여, 그 분석결과를 해석하고 논의하는 것이다. 이러한 과정은 비교적 실험 또는 조사 과정에서 연구결과에 지대한 영향을 미칠 수 있는 변수 또는 환경을 통제할 수 있는 자연과학, 의과학, 공학 분야에서 일반적으로 쉽게 적용될 수 있다. 하지만 엄격한 환경 통제가 쉽지 않은 일반적인 사회과학의 많은 연구를 수행하는 경우 수집된 데이터를 토대로 확인적 관점의 통계분석을 시행하여도 통계적으로 유의한 결과가 나타나지 않는 경우도 있다. 이 경우 탐색적 통계분석을 시행하고 그 결과를 설명하기 위한 연구가설을 세우는 것이 현실적이고 일반적이다.

실증분석 기반 사회과학 논문의 경우, 탐색적인 방법으로 최적의 통계모형을 찾는 방법은 실로 무궁무진하지만 일반적으로 세 가지 관점(조절효과 분석의 관점, 위계적 회귀분석의 관점, 설명력 기반 모형탐색의 관점)에서 접근할 수 있다고 본다.

조절효과 분석의 관점에 바탕을 둔 모형분석은 독립변수와 종속변수가 미리 설정되고 제 삼의 변수가 그 관계에 어떠한 영향을 미치는 지를 살펴보는 것이기 때문에 1단계로 독립변수를 설명변수로 투입하고, 2단계에서 제 삼의 변수와 상호작용 항을 투입하는 방법이다.

위계적 회귀분석의 관점에 바탕을 둔 모형분석은 변할 수 없는 SES 변수와 종속변수의 관계를 살펴보고, 그 다음 단계에서 쉽게 변하지 않는 형태의 기질/특성(trait) 변수, 쉽게 변하는 형태의 상태(state) 변수를 단계적으로 투입하면서 그 변화과정을 살펴보는 방법이다.

설명력 기반 모형탐색은 종속변수의 변동(전체 제곱합)을 설명하는 설명력의 크기가 큰 변수부터 설명변수에 투입하는 방법이다. 여기서 설명력이란 결정계수인 R^2을 말한다.

단계	조절효과 분석의 관점	위계적 회귀분석의 관점	설명력 기반 모형탐색의 관점
1단계	독립변수	SES 변수	
2단계	SES 변수	Trait 변수	설명력이 가장 큰 변수
3단계	상호작용	State 변수	
4단계		상호작용	

　　조절효과 분석의 관점과 위계적 회귀분석의 관점은 앞의 예제에서 다루었다. 여기서는 설명변수로 성별(Gender), 교육정도(EDU), 건강한 몸의 느낌(BF), 건강한 자기관리(BM), 행복(Happiness), 그리고 이들 간의 모든 상호작용을 상정하고 종속변수인 평화(Peace)를 설명력의 관점에서 최적인 모형을 찾는다고 가정하자. 최적모형을 찾는 방법은 여러 가지가 있으며 또한 그 최적모형 또한 여러 개일 수도 있다.

[SPSS 명령]

1. 분석(A) → 일반선형모형(G) → 일변량(U)을 클릭한다.
2. 재설정(R)을 클릭한 후 아래 화면과 같이 설정하고 모형(M)을 클릭한다.

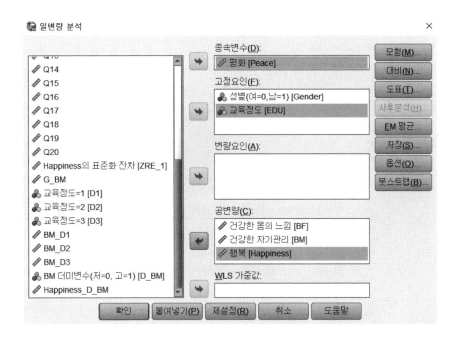

3. 다음 화면과 같이 설정한다.

4. **요인 및 공변량(F):** 상자에서 Gender 변수를 클릭하고 Shift 키를 누른 상태에서 Happiness 변수를 클릭하고 **유형(P):** 상자에서 **모든 2원 효과**를 선택한 후에 ➡ 버튼을 눌러 다음 화면과 같이 설정한다.

5. **계속(C)**을 클릭한 후 **확인**을 클릭한다.

[SPSS 출력결과 및 해석]

개체-간 효과 검정

종속변수: 평화

소스	제 III 유형 제곱합	자유도	평균제곱	F	유의확률
수정된 모형	311.949[a]	25	12.478	41.871	.000
절편	2.407	1	2.407	8.078	.005
Gender	7.422	1	7.422	24.905	.000
EDU	1.507	3	.502	1.686	.168
BF	1.316	1	1.316	4.416	.036
BM	.684	1	.684	2.296	.130
Happiness	27.672	1	27.672	92.856	.000
BF * BM	.367	1	.367	1.231	.267
EDU * BF	.693	3	.231	.775	(.508)
Gender * BF	.541	1	.541	1.814	.178
BF * Happiness	2.023	1	2.023	6.789	.009
EDU * BM	1.019	3	.340	1.139	.332
Gender * BM	.486	1	.486	1.631	.202
BM * Happiness	1.039	1	1.039	3.486	.062
Gender * EDU	.710	3	.237	.794	.497
EDU * Happiness	1.805	3	.602	2.019	.109
Gender * Happiness	.902	1	.902	3.028	.082
오차	572.185	1920	.298		
전체	25488.994	1946			
수정된 합계	884.134	1945			

a. R 제곱 = .353 (수정된 R 제곱 = .344)

위의 출력결과를 살펴보면 EDU*BF에 대응되는 유의확률이 .508로 가장 크며 일반적인 유의수준 .05보다 크다. 따라서 이 상호작용 항을 모형에서 제거할 필요가 있다.

[SPSS 명령]

1. 분석(A) → 일반선형모형(G) → 일변량(U) → 모형(M)을 클릭한 후 아래 화면과 같이 설정한다.

   [모형(M): 상자에서 제거하고자 하는 EDU*BF 변수를 클릭한 후 ◀ 버튼을 누르면 된다.]

2. 계속(C)을 클릭한 후 확인을 클릭한다.

[SPSS 출력결과 및 해석]

개체-간 효과 검정

종속변수: 평화

소스	제 III 유형 제곱합	자유도	평균제곱	F	유의확률
수정된 모형	311.256ª	22	14.148	47.491	.000
절편	2.575	1	2.575	8.645	.003
Gender	7.188	1	7.188	24.129	.000
EDU	2.292	3	.764	2.564	.053
BF	1.086	1	1.086	3.645	.056
BM	.761	1	.761	2.556	.110
Happiness	28.455	1	28.455	95.515	.000
BF * BM	.480	1	.480	1.611	.205
Gender * BF	.440	1	.440	1.477	.224
BF * Happiness	1.995	1	1.995	6.696	.010
EDU * BM	.802	3	.267	.898	(.442)
Gender * BM	.507	1	.507	1.700	.192
BM * Happiness	1.194	1	1.194	4.008	.045
Gender * EDU	.838	3	.279	.937	.422
EDU * Happiness	1.635	3	.545	1.829	.140
Gender * Happiness	.943	1	.943	3.165	.075
오차	572.878	1923	.298		
전체	25488.994	1946			
수정된 합계	884.134	1945			

a. R 제곱 = .352 (수정된 R 제곱 = .345)

위의 출력결과를 살펴보면 EDU*BM 항에 대응되는 유의확률이 .442로 가장 크며 일반적인 유의수준 .05보다 크다. 따라서 이 상호작용 항을 모형에서 제거할 필요가 있다.

[SPSS 명령]

1. 분석(A) → 일반선형모형(G) → 일변량(U) → 모형(M)을 클릭한 후 아래 화면과 같이 설정한다.

   [모형(M): 상자에서 제거하고자 하는 BM*EDU 변수를 클릭한 후 ⬅ 버튼을 누르면 된다.]

2. 계속(C)을 클릭한 후 확인을 클릭한다.

[SPSS 출력결과 및 해석]

개체-간 효과 검정

종속변수: 평화

소스	제 III 유형 제 곱합	자유도	평균제곱	F	유의확률
수정된 모형	310.454ª	19	16.340	54.857	.000
절편	2.694	1	2.694	9.045	.003
Gender	7.438	1	7.438	24.971	.000
EDU	2.708	3	.903	3.031	.028
BF	1.143	1	1.143	3.836	.050
BM	.750	1	.750	2.517	.113
Happiness	27.879	1	27.879	93.598	.000
BF * BM	.442	1	.442	1.484	.223
Gender * BF	.446	1	.446	1.498	.221
BF * Happiness	1.998	1	1.998	6.709	.010
Gender * BM	.624	1	.624	2.096	.148
BM * Happiness	1.081	1	1.081	3.629	.057
Gender * EDU	.805	3	.268	.901	.440
EDU * Happiness	1.656	3	.552	1.853	.136
Gender * Happiness	.899	1	.899	3.018	.083
오차	573.680	1926	.298		
전체	25488.994	1946			
수정된 합계	884.134	1945			

a. R 제곱 = .351 (수정된 R 제곱 = .345)

위의 출력결과를 살펴보면 Gender*EDU에 대응되는 유의확률이 .440으로 가장 크며 일반적인 유의수준 .05보다 크다. 따라서 이 상호작용 항을 모형에서 제거할 필요가 있다.

[SPSS 명령]

1. 분석(A) → 일반선형모형(G) → 일변량(U) → 모형(M)을 클릭한 후 아래 화면과 같이 설정한다.

   [모형(M): 상자에서 제거하고자 하는 EDU*Gender 변수를 클릭한 후 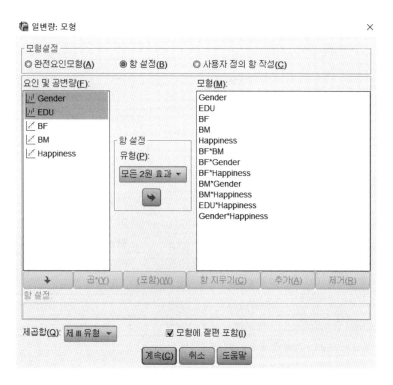 버튼을 누르면 된다.)

2. 계속(C)을 클릭한 후 **확인**을 클릭한다.

[SPSS 출력결과 및 해석]

개체-간 효과 검정

종속변수: 평화

소스	제 Ⅲ 유형 제곱합	자유도	평균제곱	F	유의확률
수정된 모형	309.649[a]	16	19.353	64.983	.000
절편	2.548	1	2.548	8.557	.003
Gender	8.319	1	8.319	27.934	.000
EDU	2.606	3	.869	2.917	.033
BF	1.249	1	1.249	4.195	.041
BM	.779	1	.779	2.616	.106
Happiness	27.691	1	27.691	92.980	.000
BF * BM	.382	1	.382	1.284	.257
Gender * BF	.422	1	.422	1.416	.234
BF * Happiness	2.046	1	2.046	6.870	.009
Gender * BM	.774	1	.774	2.598	.107
BM * Happiness	1.040	1	1.040	3.493	.062
EDU * Happiness	1.848	3	.616	2.068	.102
Gender * Happiness	.831	1	.831	2.791	.095
오차	574.486	1929	.298		
전체	25488.994	1946			
수정된 합계	884.134	1945			

a. R 제곱 = .350 (수정된 R 제곱 = .345)

위의 출력결과를 살펴보면 BF*BM에 대응되는 유의확률이 .257로 가장 크며 일반적인 유의수준 .05보다 크다. 따라서 이 상호작용 항을 모형에서 제거할 필요가 있다.

[SPSS 명령]

1. 분석(A) → 일반선형모형(G) → 일변량(U) → 모형(M)을 클릭한 후 아래 화면과 같이 설정한다.

   [모형(M): 상자에서 제거하고자 하는 BF*BM 변수를 클릭한 후  버튼을 누르면 된다.]

2. 계속(C)을 클릭한 후 **확인**을 클릭한다.

[SPSS 출력결과 및 해석]

개체-간 효과 검정

종속변수: 평화

소스	제 III 유형 제 곱합	자유도	평균제곱	F	유의확률
수정된 모형	309.266[a]	15	20.618	69.220	.000
절편	2.307	1	2.307	7.744	.005
Gender	8.497	1	8.497	28.528	.000
EDU	2.635	3	.878	2.949	.032
BF	2.174	1	2.174	7.300	.007
BM	1.475	1	1.475	4.951	.026
Happiness	41.548	1	41.548	139.490	.000
Gender * BF	.460	1	.460	1.544	.214
BF * Happiness	1.702	1	1.702	5.715	.017
Gender * BM	.879	1	.879	2.951	.086
BM * Happiness	.749	1	.749	2.514	.113
EDU * Happiness	1.873	3	.624	2.096	.099
Gender * Happiness	.752	1	.752	2.525	.112
오차	574.868	1930	.298		
전체	25488.994	1946			
수정된 합계	884.134	1945			

a. R 제곱 = .350 (수정된 R 제곱 = .345)

위의 출력결과를 살펴보면 Gender*BF에 대응되는 유의확률이 .214로 가장 크며 일반적인 유의수준 .05보다 크다. 따라서 이 상호작용 항을 모형에서 제거할 필요가 있다.

[SPSS 명령]

1. 분석(A) → 일반선형모형(G) → 일변량(U) → 모형(M)을 클릭한 후 아래 화면과 같이 설정한다.

   [모형(M): 상자에서 제거하고자 하는 BF*Gender 변수를 클릭한 후  버튼을 누르면 된다.]

2. 계속(C)을 클릭한 후 **확인**을 클릭한다.

[SPSS 출력결과 및 해석]

개체-간 효과 검정

종속변수: 평화

소스	제 III 유형 제곱합	자유도	평균제곱	F	유의확률
수정된 모형	308.806^a	14	22.058	74.033	.000
절편	2.223	1	2.223	7.460	.006
Gender	8.042	1	8.042	26.993	.000
EDU	2.681	3	.894	2.999	.030
BF	2.156	1	2.156	7.238	.007
BM	1.529	1	1.529	5.131	.024
Happiness	42.384	1	42.384	142.255	.000
BF * Happiness	1.749	1	1.749	5.870	.015
Gender * BM	2.137	1	2.137	7.174	.007
BM * Happiness	.764	1	.764	2.565	.109
EDU * Happiness	1.904	3	.635	2.130	.095
Gender * Happiness	1.277	1	1.277	4.287	.039
오차	575.328	1931	.298		
전체	25488.994	1946			
수정된 합계	884.134	1945			

a. R 제곱 = .349 (수정된 R 제곱 = .345)

위의 출력결과를 살펴보면 BM*Happiness에 대응되는 유의확률이 .109로 가장 크며 일반적인 유의수준 .05보다 크다. 따라서 이 상호작용 항을 모형에서 제거할 필요가 있다.

[SPSS 명령]

1. **분석(A)** → **일반선형모형(G)** → **일변량(U)** → **모형(M)**을 클릭한 후 아래 화면과 같이 설정한다.

   [**모형(M)**: 상자에서 제거하고자 하는 BM*Happiness 변수를 클릭한 후  버튼을 누르면 된다.]

2. **계속(C)**을 클릭한 후 **확인**을 클릭한다.

[SPSS 출력결과 및 해석]

개체-간 효과 검정

종속변수: 평화

소스	제 III 유형 제곱합	자유도	평균제곱	F	유의확률
수정된 모형	308.042[a]	13	23.696	79.466	.000
절편	3.447	1	3.447	11.561	.001
Gender	7.884	1	7.884	26.441	.000
EDU	2.939	3	.980	3.285	.020
BF	9.426	1	9.426	31.610	.000
BM	3.419	1	3.419	11.465	.001
Happiness	42.830	1	42.830	143.635	.000
BF * Happiness	8.557	1	8.557	28.697	.000
Gender * BM	2.073	1	2.073	6.951	.008
EDU * Happiness	2.097	3	.699	2.344	.071
Gender * Happiness	1.253	1	1.253	4.203	.040
오차	576.092	1932	.298		
전체	25488.994	1946			
수정된 합계	884.134	1945			

a. R 제곱 = .348 (수정된 R 제곱 = .344)

위의 출력결과를 살펴보면 EDU*Happiness에 대응되는 유의확률이 .071로 가장 크며 일반적인 유의수준 .05보다 크다. 따라서 이 상호작용 항을 모형에서 제거할 필요가 있다.

[SPSS 명령]

1. 분석(A) → 일반선형모형(G) → 일변량(U) → 모형(M)을 클릭한 후 아래 화면과 같이 설정한다.

   [모형(M): 상자에서 제거하고자 하는 EDU*Happiness 변수를 클릭한 후 ⬅ 버튼을 누르면 된다.]

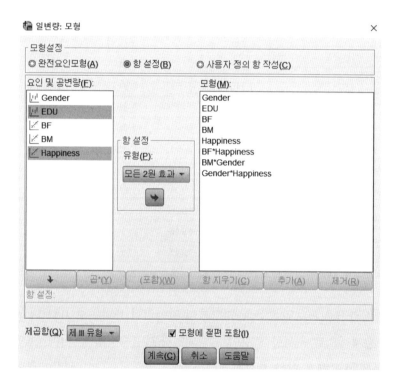

2. 계속(C)을 클릭한 후 확인을 클릭한다.

[SPSS 출력결과 및 해석]

개체-간 효과 검정

종속변수: 평화

소스	제 III 유형 제 곱합	자유도	평균제곱	F	유의확률
수정된 모형	305.945[a]	10	30.595	102.389	.000
절편	3.249	1	3.249	10.873	.001
Gender	9.185	1	9.185	30.739	.000
EDU	7.055	3	2.352	7.870	.000
BF	9.317	1	9.317	31.182	.000
BM	3.352	1	3.352	11.219	.001
Happiness	45.651	1	45.651	152.779	.000
BF * Happiness	8.354	1	8.354	27.958	.000
Gender * BM	2.105	1	2.105	7.044	.008
Gender * Happiness	1.685	1	1.685	5.638	.018
오차	578.189	1935	.299		
전체	25488.994	1946			
수정된 합계	884.134	1945			

a. R 제곱 = .346 (수정된 R 제곱 = .343)

앞의 출력결과를 살펴보면 모든 유의확률이 일반적인 유의수준 .05보다 작게 나타났다. 따라서 통계적으로 유의한 모형이 탐색되었다고 볼 수 있다. 이제 이 탐색된 최종 모형을 논문에 보고하기 위한 분산분석표를 얻기 위해서는 제1유형 제곱합으로 분석을 하여야 한다. 제1유형 제곱합으로 분석하기 위해서는 입력된 변수의 순서로 제1유형 제곱합을 계산하기 때문에 변수의 입력 순서를 결정하여야 한다. 일단 설명변수 중에서 SES 변수를 먼저 입력하고, 그 다음 단계에서 설명변수 중 가장 설명력이 큰 변수를 먼저 투입하는 방법으로, 제3유형 제곱합의 크기 순서로 입력 순서를 결정하는 것이다. 위의 출력결과에서는 Gender, EDU, Happiness, BF, BM 순서로 입력할 수 있다. 여기서, 관련된 분야의 연구결과와 연구자의 선택에 따라서 Happiness, BF, Gender, EDU, BM 순서로 입력할 수도 있다. 그 다음 단계로 상호작용은 BF*Happiness, Gender*BM, Gender*Happiness 순으로 입력할 수 있다.

[SPSS 명령]

1. **분석(A) → 일반선형모형(G) → 일변량(U)**을 클릭한 후 **재설정(R)**을 클릭하고 다음 화면과 같이 설정한다.

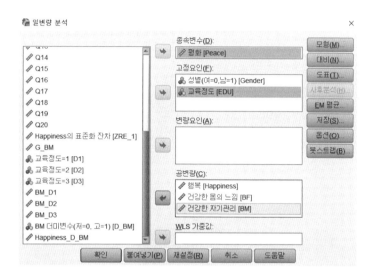

2. **모형(M)**을 클릭한 후 아래 화면과 같이 설정하고 **계속(C)**을 클릭한다.

    [상호작용을 설정하는 방법은 한 변수를 클릭한 후 Ctrl 키를 누른 상태에서 다른 변수를 클릭하고, 항 설정 상자의 **유형(P):** 상자 밑에 있는  버튼을 클릭하면 된다.]

3. **옵션(O)**을 클릭한 후 아래 화면과 같이 설정한다.

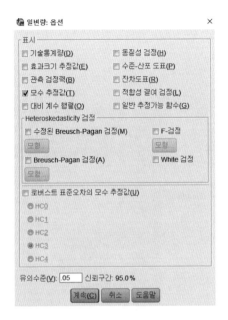

4. **계속(C)**을 클릭한 후 확인을 클릭한다.

[SPSS 출력결과 및 해석]

개체-간 효과 검정

종속변수: 평화

소스	제 I 유형 제곱합	자유도	평균제곱	F	유의확률
수정된 모형	305.945[a]	10	30.595	102.389	.000
절편	24604.859	1	24604.859	82344.045	.000
Gender	3.316	1	3.316	11.096	.001
EDU	12.965	3	4.322	14.463	.000
Happiness	266.758	1	266.758	892.749	.000
BF	4.503	1	4.503	15.069	.000
BM	2.344	1	2.344	7.844	.005
Happiness * BF	7.913	1	7.913	26.483	.000
Gender * BM	6.462	1	6.462	21.625	.000
Gender * Happiness	1.685	1	1.685	5.638	.018
오차	578.189	1935	.299		
전체	25488.994	1946			
수정된 합계	884.134	1945			

a. R 제곱 = .346 (수정된 R 제곱 = .343)

모수 추정값

종속변수: 평화

모수	B	표준오차	t	유의확률	95% 신뢰구간 하한	95% 신뢰구간 상한
절편	.406	.220	1.843	.065	-.026	.838
[Gender=0]	.700	.126	5.544	.000	.452	.947
[Gender=1]	0ᵃ	.	.	.	.	.
[EDU=1]	-.015	.053	-.272	.785	-.119	.090
[EDU=2]	-.151	.046	-3.258	.001	-.243	-.060
[EDU=3]	-.153	.042	-3.613	.000	-.236	-.070
[EDU=4]	0ᵃ	.	.	.	.	.
Happiness	.781	.065	12.038	.000	.654	.908
BF	.392	.070	5.584	.000	.254	.530
BM	.124	.031	3.934	.000	.062	.185
Happiness * BF	-.100	.019	-5.288	.000	-.137	-.063
[Gender=0] * BM	-.101	.038	-2.654	.008	-.175	-.026
[Gender=1] * BM	0ᵃ	.	.	.	.	.
[Gender=0] * Happiness	-.094	.039	-2.375	.018	-.171	-.016
[Gender=1] * Happiness	0ᵃ	.	.	.	.	.

a. 현재 모수는 중복되므로 0으로 설정됩니다.

실습 예제

실습 데이터 "Data3.sav"는 특정 업종에 종사하고 있는 여성 직장인 422명을 대상으로 설문조사한 자료로 결혼상태, 직장경력, 셀프리더십(18 문항), 정서지능(20 문항), 조직몰입(9 문항), 직무만족(14 문항), 업무성과(17 문항)를 조사한 것이다. 모든 척도는 Likert 5점 척도(1 = 전혀 그렇지 않다, 2 = 그렇지 않다, 3 = 보통, 4 = 그렇다, 5 = 매우 그렇다)로 구성되어 있으며, 각 변수는 해당되는 문항들의 평균으로 계산되었다. "Data3.sav"에 대한 변수명, 변수정의 및 변수설명은 〈표 6-1〉과 같다.

〈표 6-1〉 실습 데이터(Data3)에 대한 변수명, 변수정의 및 변수설명

변수명	변수정의	변수설명
Marriage	결혼상태	1 = 미혼, 2 = 결혼
CYear	직무경력	1 = 1년 미만, 2 = 5년 미만, 3 = 10년 미만, 4 = 10년 이상
SelfL	셀프리더십	높을수록 셀프리더십이 높다
EmoQ	정서지능	높을수록 정서지능이 높다
OrgE	조직몰입	높을수록 정서지능이 높다
JobS	직무만족	높을수록 직무만족이 높다
JobPerf	업무성과	높을수록 업무성과가 높다

1. 실습 문제 1 - 독립성 검정

결혼상태와 직무경력은 서로 관계가 있는지 여부를 검증하시오.

[SPSS 명령]

1. 분석(A) → 기술통계량(E) → 교차분석(C)을 클릭한 후 다음 화면과 같이 설정한다.

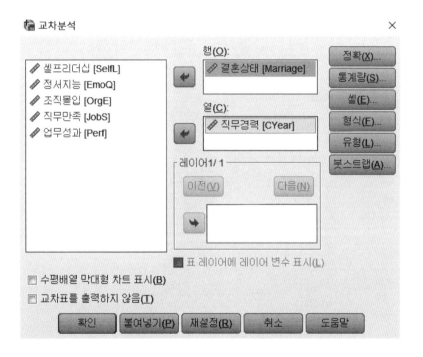

2. **통계량(S)**을 클릭한 후 다음 화면과 같이 설정한다.

3. **계속(C)**을 클릭하고 **셀(E)**을 클릭한다.

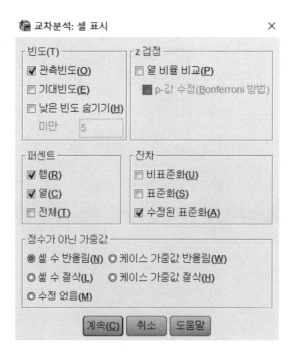

4. **계속(C)**을 클릭하고 **확인**을 클릭한다.

[SPSS 출력결과 및 해석]

결혼상태 * 직무경력 교차표

			직무경력				전체
			1년 미만	1-5년 미만	5-10년 미만	10년 이상	
결혼상태	미혼	빈도	66	183	46	28	323
		결혼상태 중 %	20.4%	56.7%	14.2%	8.7%	100.0%
		직무경력 중 %	100.0%	95.8%	67.6%	28.9%	76.5%
		수정된 잔차	4.9	8.5	-1.9	-12.6	
	기혼	빈도	0	8	22	69	99
		결혼상태 중 %	0.0%	8.1%	22.2%	69.7%	100.0%
		직무경력 중 %	0.0%	4.2%	32.4%	71.1%	23.5%
		수정된 잔차	-4.9	-8.5	1.9	12.6	
전체		빈도	66	191	68	97	422
		결혼상태 중 %	15.6%	45.3%	16.1%	23.0%	100.0%
		직무경력 중 %	100.0%	100.0%	100.0%	100.0%	100.0%

카이제곱 검정

	값	자유도	근사 유의확률 (양측검정)
Pearson 카이제곱	185.508[a]	3	.000
우도비	191.166	3	.000
선형 대 선형결합	167.597	1	.000
유효 케이스 수	422		

a. 0 셀 (0.0%)은(는) 5보다 작은 기대 빈도를 가지는 셀입
니다. 최소 기대빈도는 15.48입니다.

　결혼상태와 직무경력이 독립이라는 귀무가설에 대한 유의확률이 .001보다 작게 나타났다. 따라서 귀무가설은 기각된다. 이는 결혼상태와 직무경력은 관계가 있다는 의미이다. 이를 좀 더 자세히 살펴보면, 미혼일 경우 직무경력별 비율은 1년 미만이 20.4%, 5년 미만이 56.7%, 10년 미만이 14.2%, 10년 이상이 8.7%인 반면에, 기혼일 경우의 직무경력별 비율은 1년 미만이 0%, 5년 미만이 8.1%, 10년 미만이 22.2%, 10년 이상이 69.7%로 나타났다. 또한 미혼자일 경우 직무경력이 1년 이상 5년 미만의 비율이 가장 높게 나타난 반면, 기혼자일 경우 직무경력 10년 이상자의 비율이 가장 높게 나타났다는 것을 의미한다. 이는 수정된 잔차의 값을 통해서도 확인할 수 있다. 따라서 미혼자의 직무경력 별 분포도와 기혼자의 직무경력 별 분포도는 다르며, 미혼자일 경우 10년 미만 직무경력자의 비율이 91.3%인 반면, 기혼자일 경우 10년 이만 직무경력자의 비율이 30.3%에 지나지 않는다. 따라서 결혼상태와 직무경력은 독립적이지 않고 관계가 있으며, 기혼자일 경우 10년 이상의 직무경력자가 차지하는 비중이 69.7%로 미혼자일 경우 10년 이상 직무경력자의 비율 8.7% 보다 매우 높게 나타났고, 10년 이상 직무경력자 중 미혼자의 비율은 28.9%이고, 기혼자의 비율은 71.1%로 나타났다.

2. 실습 문제 2 – 독립표본 t-검정

> 결혼상태에 따라서 업무성과에 차이가 있는지를 검증하시오.

[SPSS 명령]

1. **분석(A)** → **평균 비교(M)** → **독립표본 T 검정**을 클릭하고 아래 화면과 같이 설정한 후
   집단 정의(D)를 클릭한다.

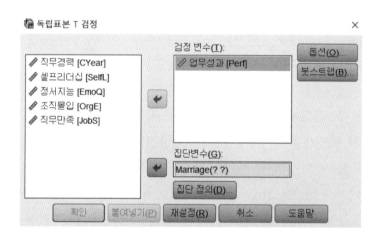

2. 아래 화면과 같이 설정하고 **계속** → **확인**을 클릭한다.

3. **계속(C)**을 클릭한 후 **확인**을 클릭한다.

[SPSS 출력결과 및 해석]

집단동계량

	결혼상태	N	평균	표준화 편차	표준오차 평균
업무성과	미혼	323	3.4874	.40472	.02252
	기혼	99	3.8767	.47569	.04781

독립표본 검정

		Levene의 등분산 검정		평균의 동일성에 대한 T 검정						
									차이의 95% 신뢰구간	
		F	유의확률	t	자유도	유의확률 (양측)	평균차이	표준오차 차이	하한	상한
업무성과	등분산을 가정함	.940	.333	-8.024	420	.000	-.38933	.04852	-.48469	-.29396
	등분산을 가정하지 않음			-7.367	144.149	.000	-.38933	.05285	-.49378	-.28487

독립표본 t-검정(또는 이표본 t-검정)은 두집단의 평균의 동일성 여부를 검정하는 방법이다. 검정통계량인 t-통계량은 두 집단의 평균이 동일하다는 귀무가설이 참이라는 전제에서 두집단의 표본평균의 차에 대한 분포를 토대로 구해지는데 값으로 두 집단의 분산이 동일한지 아닌지에 따라서 구하는 공식이 달라진다. 따라서 t-통계량을 구하기 전에 우선 두 집단의 분산의 동일성 여부를 검정하여야 한다. 두 집단의 분산의 동일성 여부를 검정하는 통계량은 Levene의 등분산 검정을 위한 F-통계량이다. 출력결과를 살펴보면, 등분산 검정의 유의확률은 .333으로 유의수준 .05보다 크다. 따라서 두 집단의 분산이 동일하다는 귀무가설이 채택되고, 두 집단의 평균이 동일하다는 귀무가설에 대한 유의확률은 등분산을 가정함 경우의 유의확률인 .000을 보면 된다. 유의확률이 유의수준 .05보다 작기 때문에 귀무가설이 기각된다. 따라서 두 집단의 평균은 동일하지 않다고 판단한다. 이는 결혼상태에 따라서 업무성과가 다르다는 것을 의미하는 것으로, 미혼자의 업무성과 평균이 3.4874이고, 기혼자의 업무성과가 3.8767로 이 차이는 통계적으로 유의한 차이이며, 기혼자가 미혼자보다 업무성과가 높다는 것을 의미한다.

3. 실습 문제 3 – 분산분석

결혼상태와 직무경력 정도에 따라서 업무성과에 차이가 있는지를 검증하시오.

[SPSS 명령]

1. **분석(A)** → **일반선형모형(G)** → **일변량(U)**을 클릭하고 아래 화면과 설정한 후 **모형(M)**을 클릭한다.

2. 다음 화면과 같이 설정한 후 **계속(C)**을 클릭하고 **확인**을 클릭한다.

[SPSS 출력결과 및 해석]

개체-간 효과 검정

종속변수: 업무성과

소스	제 III 유형 제곱합	자유도	평균제곱	F	유의확률
수정된 모형	22.997[a]	6	3.833	25.087	.000
절편	2194.550	1	2194.550	14363.600	.000
Marriage	.492	1	.492	3.222	.073
CYear	11.163	3	3.721	24.354	.000
Marriage * CYear	.098	2	.049	.322	.725
오차	63.406	415	.153		
전체	5490.975	422			
수정된 합계	86.403	421			

a. R 제곱 = .266 (수정된 R 제곱 = .256)

출력결과를 살펴보면 결혼상태와 직무경력의 상호작용(Marriage*CYear)의 유의성에 대한 유의확률이 .725로 일반적인 유의수준 .05보다 크기 때문에 통계적으로 유의하지 않게 나타났다. 따라서 이 항을 제거하고 분석할 필요가 있다.

[SPSS 명령]

1. **분석(A)** → **일반선형모형(G)** → **일변량(U)** → **모형(M)**을 클릭한 후 아래 화면과 같이 설정하고 **계속(C)** → **확인**을 클릭한다.

[SPSS 출력결과 및 해석]

개체-간 효과 검정

종속변수: 업무성과

소스	제 III 유형 제곱합	자유도	평균제곱	F	유의확률
수정된 모형	22.899ᵃ	4	5.725	37.591	.000
절편	3155.819	1	3155.819	20722.618	.000
Marriage	.471	1	.471	3.093	.079
CYear	11.413	3	3.804	24.982	.000
오차	63.504	417	.152		
전체	5490.975	422			
수정된 합계	86.403	421			

a. R 제곱 = .265 (수정된 R 제곱 = .258)

출력결과를 살펴보면, 결혼상태(Marriage)에 대한 유의확률이 .079로 유의수준 .05

보다 크게 나타나서 업무성과를 설명하기에 유의한 변인이 아니라는 것을 나타내고 있다. 이러한 결과는 직무경험(CYear) 변수가 없이 결혼상태에 따른 업무성과가 차이가 있다는 독립표본 t-검정의 결과와는 다른 결과이다. 결혼상태와 직무경험을 토대로 업무성과를 설명하기 위한 모형에서는 직무경력이 결혼상태 보다 더 중요한 변수이면서 유의한 변수라는 것을 나타내고 있다. 따라서 결혼상태를 제거하여 직무경력에 따른 업무성과를 비교할 필요가 있다.

[SPSS 명령]

1. 분석(A) → 일반선형모형(G) → 일변량(U) → 재설정(R)을 클릭한 후 아래 화면과 같이 설정한다.

2. 사후분석(H)을 클릭한 후 다음 화면과 같이 설정한 후 **계속(C)**을 클릭한다.

3. EM 평균을 클릭한 후 다음과 같이 설정한 후 **계속(C)**을 클릭한다.

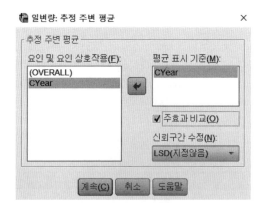

4. 옵션(O)을 클릭한 후 다음과 같이 후 **계속(C)**을 클릭하고 **확인**을 클릭한다.

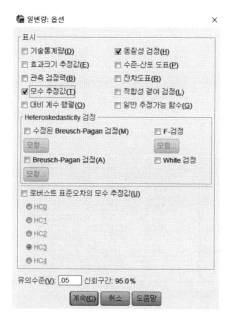

[SPSS 출력결과 및 해석]

오차 분산의 동일성에 대한 Levene의 검정[a,b]

		Levene 통계량	자유도1	자유도2	유의확률
업무성과	평균을 기준으로 합니다.	.228	3	418	.877
	중위수를 기준으로 합니다.	.164	3	418	.920
	자유도를 수정한 상태에서 중위수를 기준으로 합니다.	.164	3	389.654	.920
	절삭평균을 기준으로 합니다.	.215	3	418	.886

여러 집단에서 종속변수의 오차 분산이 동일한 영가설을 검정합니다.

  a. 종속변수: 업무성과

  b. Design: 절편 + CYear

개체-간 효과 검정

종속변수: 업무성과

소스	제 III 유형 제곱합	자유도	평균제곱	F	유의확률
수정된 모형	22.428[a]	3	7.476	48.846	.000
절편	4489.669	1	4489.669	29334.447	.000
CYear	22.428	3	7.476	48.846	.000
오차	63.975	418	.153		
전체	5490.975	422			
수정된 합계	86.403	421			

  a. R 제곱 = .260 (수정된 R 제곱 = .254)

출력결과를 살펴보면 오차분산의 동일성에 대한 유의확률이 .877로 유의수준 .05보다 크다. 따라서 오차분산의 동일성을 가정하고 있는 분산분석의 결과를 믿을 수 있다. 개체 − 간 효과 검정의 직무경력(CYear)에 대한 유의확률이 .000으로 유의수준 .05보다 작기 때문에 직무경력이 업무성과를 설명하기에 유의한 변인이라는 것을 알 수 있다.

모수 추정값

종속변수: 업무성과

모수	B	표준오차	t	유의확률	95% 신뢰구간	
					하한	상한
절편	3.934	.040	99.050	.000	3.856	4.013
[CYear=1.00]	-.727	.062	-11.643	.000	-.849	-.604
[CYear=2.00]	-.425	.049	-8.713	.000	-.521	-.329
[CYear=3.00]	-.309	.062	-4.992	.000	-.431	-.187
[CYear=4.00]	0ª	.	.	.	.	.

a. 현재 모수는 중복되므로 0으로 설정됩니다.

모수 추정값을 살펴보면 기준이 되는 집단(비표준화 계수 B가 0인 집단)은 직무경력이 10년 이상이 되는 집단([CYear = 4.00])으로 각 집단에 대한 업무성과(Perf)를 다음과 같이 추정할 수 있다.

	추정 회귀식
직무경력 = 1 [CYear = 1.00])	Perf = 3.934 − 0.727
직무경력 = 2 ([CYear = 2.00])	Perf = 3.934 − 0.425
직무경력 = 3 ([CYear = 3.00])	Perf = 3.934 − 0.309
직무경력 = 4 ([CYear = 4.00])	Perf = 3.934

각 집단의 효과를 나타내는 집단효과에 대한 95% 신뢰구간을 살펴보면 [CYear = 2.00] 집단과 [CYear = 3.00] 집단의 신뢰구간은 겹치고 있으며, 이 두 집단의 집단효과에 대한 신뢰구간의 값은 [CYear = 1.00] 집단의 신뢰구간 값보다는 크고, [CYear = 4.00] 집단의 값인 0보다는 작은 것을 확인할 수 있다. 따라서 집단효과의 경우 [CYear = 1.00]<[CYear = 2.00] = [CYear = 3.00]<[CYear = 4.00]임을 알 수 있다.

사후검정

직무경력

다중비교

종속변수: 업무성과

(I) 직무경력		(J) 직무경력	평균차이(I-J)	표준오차	유의확률	95% 신뢰구간	
						하한	상한
Scheffe	1년미만	1-5년미만	-.3018*	.05586	.000	-.4586	-.1450
		5-10년미만	-.4179*	.06760	.000	-.6077	-.2282
		10년이상	-.7268*	.06242	.000	-.9020	-.5516
	1-5년미만	1년미만	.3018*	.05586	.000	.1450	.4586
		5-10년미만	-.1161	.05525	.221	-.2712	.0389
		10년이상	-.4250*	.04878	.000	-.5619	-.2881
	5-10년미만	1년미만	.4179*	.06760	.000	.2282	.6077
		1-5년미만	.1161	.05525	.221	-.0389	.2712
		10년이상	-.3089*	.06188	.000	-.4826	-.1352
	10년이상	1년미만	.7268*	.06242	.000	.5516	.9020
		1-5년미만	.4250*	.04878	.000	.2881	.5619
		5-10년미만	.3089*	.06188	.000	.1352	.4826
Tamhane	1년미만	1-5년미만	-.3018*	.05592	.000	-.4517	-.1519
		5-10년미만	-.4179*	.06573	.000	-.5935	-.2423
		10년이상	-.7268*	.06575	.000	-.9021	-.5515
	1-5년미만	1년미만	.3018*	.05592	.000	.1519	.4517
		5-10년미만	-.1161	.05173	.149	-.2545	.0222
		10년이상	-.4250*	.05175	.000	-.5627	-.2873
	5-10년미만	1년미만	.4179*	.06573	.000	.2423	.5935
		1-5년미만	.1161	.05173	.149	-.0222	.2545
		10년이상	-.3089*	.06222	.000	-.4747	-.1431
	10년이상	1년미만	.7268*	.06575	.000	.5515	.9021
		1-5년미만	.4250*	.05175	.000	.2873	.5627
		5-10년미만	.3089*	.06222	.000	.1431	.4747

관측평균을 기준으로 합니다.
오차항은 평균제곱(오차) = .153입니다.

  *. 평균차이는 .05 수준에서 유의합니다.

동질적 부분집합

업무성과

	직무경력	N	부분집합		
			1	2	3
Scheffe[a,b,c]	1년미만	66	3.2077		
	1-5년미만	191		3.5095	
	5-10년미만	68		3.6256	
	10년이상	97			3.9345
	유의확률		1.000	.276	1.000

동질적 부분집합에 있는 집단에 대한 평균이 표시됩니다.
관측평균을 기준으로 합니다.
오차항은 평균제곱(오차) = .153입니다.

  a. 조화평균 표본크기 88.101을(를) 사용합니다.

  b. 집단 크기가 등일하지 않습니다. 집단 크기의 조화평균이 사용됩니다. I
    유형 오차 수준은 보장되지 않습니다.

  c. 유의수준 = .05.

다중비교 결과를 살펴보면 직무경력 1~5년 미만인 집단과 5~10년 미만인 집단의 업무성과는 차이가 없으며, 이 두 집단에 비하여 직무경력 1년 미만인 집단의 업무성과는 작고, 직무경력 10년 이상인 집단의 업무성과는 크다는 것을 알 수 있다. **동질적 부분집합**은 이러한 결과를 요약한 것이다.

[Note] 연구자에 따라서 유의수준 .1로 설정하여 분석을 할 수도 있다. 이 경우 결혼상태(Marriage)는 유의한 변수로 간주될 수 있다. 또한 기존연구에서 결혼상태(Marriage)가 업무성과에 영향을 미치는 중요한 변인이라는 연구결과가 있을 경우 그 결과를 인정하고 직무경력이 투입될 경우 어떠한 변화를 살펴보는 연구를 진행할 수도 있다. 결혼상태(Marriage)를 먼저 투입하고 직무경력(CYear)을 투입할 경우의 SPSS 명령 및 출력결과는 다음과 같다.

[SPSS 명령]

1. **분석(A) → 일반선형모형(G) → 일변량(U) → 재설정(R)**을 클릭한 후 다음 화면과 같이 설정한다.

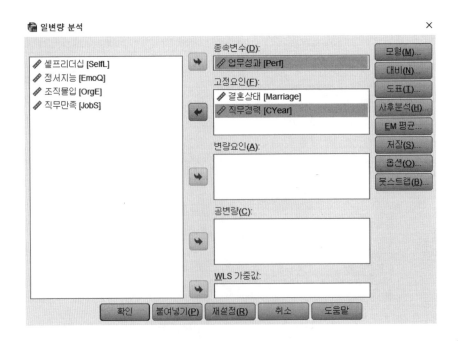

2. **모형(M)**을 클릭하고 다음 화면과 같이 설정한 후 **계속(C)**을 클릭한다.

3. **사후분석(H)**을 클릭하고 다음 화면과 같이 설정한 후 **계속(C)**을 클릭한다.

4. EM 평균을 클릭하고 다음 화면과 같이 설정한 후 **계속(C)**을 클릭한다.

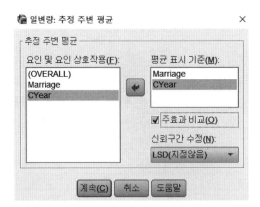

5. **옵션(O)**을 클릭하고 아래 화면과 같이 설정한 후 **계속(C)**을 클릭한다.

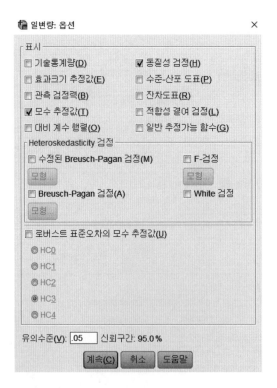

6. **확인**을 클릭한다.

[SPSS 출력결과 및 해석]

오차 분산의 동일성에 대한 Levene 의 검정[a]

종속변수: 업무성과

F	자유도1	자유도2	유의확률
1.406	6	415	.211

여러 집단에서 종속변수의 오차 분산이 등일한 영가설을 검정합니다.

a. Design: 절편 + Marriage + CYear

개체-간 효과 검정

종속변수: 업무성과

소스	제Ⅰ유형 제곱합	자유도	평균제곱	F	유의확률
수정된 모형	22.899[a]	4	5.725	37.591	.000
절편	5404.572	1	5404.572	35489.002	.000
Marriage	11.486	1	11.486	75.419	.000
CYear	11.413	3	3.804	24.982	.000
오차	63.504	417	.152		
전체	5490.975	422			
수정된 합계	86.403	421			

a. R 제곱 = .265 (수정된 R 제곱 = .258)

출력결과를 살펴보면 업무성과를 결혼상태(Marriage)와 직무경력(CYear)으로 설명을 하는 이원분산분석(Two-Way ANOVA) 모형이 적절하며, 오차분산 또한 동일하기 때문에 등분산을 가정하고 있는 분산분석 모형을 적용할 수 있다는 것을 의미한다.

모수 추정값

종속변수: 업무성과

모수	B	표준오차	t	유의확률	95% 신뢰구간 하한	95% 신뢰구간 상한
절편	3.965	.043	91.717	.000	3.880	4.050
[Marriage=1.00]	-.105	.060	-1.759	.079	-.223	.012
[Marriage=2.00]	0ᵃ	.	.	.	.	.
[CYear=1.00]	-.652	.075	-8.640	.000	-.800	-.504
[CYear=2.00]	-.354	.063	-5.623	.000	-.478	-.231
[CYear=3.00]	-.268	.066	-4.064	.000	-.398	-.138
[CYear=4.00]	0ᵃ	.	.	.	.	.

a. 현재 모수는 중복되므로 0으로 설정됩니다.

앞의 **모수 추정값** 출력결과를 살펴보면, 기준이 되는 집단은 결혼상태가 기혼([Marriage = 2.00])이고, 직무경력이 4([CYear = 4.00])인 집단임을 알 수 있다. 이를 토대로 각 집단에 대한 추정 회귀식을 구하면 다음과 같다.

결혼상태	직무경력	추정 회귀식
미혼자 ([Marriage = 1.00])	직무경력 = 1 ([CYear = 1.00])	$Perf = 3.965 - 0.105 - 0.652$
	직무경력 = 2 ([CYear = 2.00])	$Perf = 3.965 - 0.105 - 0.354$
	직무경력 = 3 ([CYear = 3.00])	$Perf = 3.965 - 0.105 - 0.268$
	직무경력 = 4 ([CYear = 4.00])	$Perf = 3.965 - 0.105$
기혼자 ([Marriage = 2.00])	직무경력 = 1 ([CYear = 1.00])	$Perf = 3.965 - 0.652$
	직무경력 = 2 ([CYear = 2.00])	$Perf = 3.965 - 0.354$
	직무경력 = 3 ([CYear = 3.00])	$Perf = 3.965 - 0.268$
	직무경력 = 4 ([CYear = 4.00])	$Perf = 3.965$

추정 주변 평균

1. 결혼상태

추정값

종속변수: 업무성과

| 결혼상태 | 평균 | 표준오차 | 95% 신뢰구간 | |
			하한	상한
미혼	3.541	.026	3.489	3.593
기혼	3.646	.048	3.551	3.742

대응별 비교

종속변수: 업무성과

| (I) 결혼상태 | (J) 결혼상태 | 평균차이(I-J) | 표준오차 | 유의확률[a] | 차이에 대한 95% 신뢰구간[a] | |
					하한	상한
미혼	기혼	-.105	.060	.079	-.223	.012
기혼	미혼	.105	.060	.079	-.012	.223

추정 주변 평균을 기준으로

a. 다중비교를 위한 수정: 최소유의차 (수정하지 않은 상태와 동일합니다.)

위의 출력결과를 살펴보면 이원분산분석 모형을 통하여 추정된 미혼자의 업무성과 평균은 3.541이고, 기혼자의 경우 3.646이며, 미혼자와 기혼자의 업무성과 평균의 동일성에 대한 검정결과 유의확률이 .079로 유의수준 .05보다는 크지만, 유의수준 .1보다는 작기 때문에 약한 유의성이 있다고 볼 수 있다. 이는 결혼상태에 따른 업무성과의 차이는 강하지는 않지만 약한 유의성이 발견된다는 것을 의미한다. 이와 같이 결혼상태만을 고려한 독립표본 t-검정에서는 결혼상태의 강한 유의성이 발견되었지만, 결혼상태와 직무경력을 고려한 이원분산분석 모형에서는 결혼상태의 약한 유의성이 드러나는 이유는 직무경력에 의해서 업무성과의 차이가 어느 정도 설명되고 있기 때문이다.

사후검정

직무경력

다중비교

종속변수: 업무성과
Scheffe

(I) 직무경력	(J) 직무경력	평균차이(I-J)	표준오차	유의확률	95% 신뢰구간 하한	95% 신뢰구간 상한
1년미만	1-5년미만	-.3018*	.05572	.000	-.4582	-.1454
	5-10년미만	-.4179*	.06743	.000	-.6072	-.2286
	10년이상	-.7268*	.06227	.000	-.9016	-.5520
1-5년미만	1년미만	.3018*	.05572	.000	.1454	.4582
	5-10년미만	-.1161	.05511	.219	-.2708	.0386
	10년이상	-.4250*	.04865	.000	-.5616	-.2884
5-10년미만	1년미만	.4179*	.06743	.000	.2286	.6072
	1-5년미만	.1161	.05511	.219	-.0386	.2708
	10년이상	-.3089*	.06172	.000	-.4821	-.1356
10년이상	1년미만	.7268*	.06227	.000	.5520	.9016
	1-5년미만	.4250*	.04865	.000	.2884	.5616
	5-10년미만	.3089*	.06172	.000	.1356	.4821

관측평균을 기준으로 합니다.
오차항은 평균제곱(오차) = .152입니다.

*. 평균차이는 .05 수준에서 유의합니다.

동질적 부분집합

업무성과

Scheffe[a,b,c]

직무경력	N	부분집합 1	부분집합 2	부분집합 3
1년미만	66	3.2077		
1-5년미만	191		3.5095	
5-10년미만	68		3.6256	
10년이상	97			3.9345
유의확률		1.000	.274	1.000

동질적 부분집합에 있는 집단에 대한 평균이 표시됩니다.
관측평균을 기준으로 합니다.
오차항은 평균제곱(오차) = .152입니다.

a. 조화평균 표본크기 88.101을(를) 사용합니다.
b. 집단 크기가 동일하지 않습니다. 집단 크기의 조화평균
이 사용됩니다. I 유형 오차 수준은 보장되지 않습니다.
c. 유의수준 = .05.

앞의 출력결과를 살펴보면 직무경력 1년 미만의 집단보다는 5년 미만인 집단과 10년 미만인 집단이 업무성과가 높으며, 10년 이상인 집단이 가장 높은 것으로 나타났다. 즉 업무성과의 측면에서 1년 미만인 집단 < 1~5년 미만 집단, 5~10년 미만 집단 < 10년 이상 집단의 관계가 발견되었다.

4. 실습 문제 4 - 매개효과 분석

> 셀프리더십과 업무성과의 관계에 있어서 정서지능의 매개효과를 검증하시오.

위의 문제는 다음과 같은 매개모형을 검증하는 것이다.

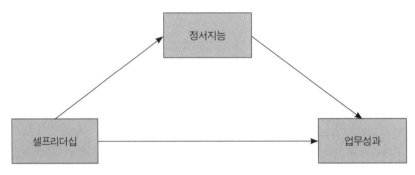

[그림 6-1] 정서지능의 매개효과

Baron & Kenny 방법에 의한 매개효과 검증은 다음과 같은 세 가지 단계로 이루어 진다.

1단계: 셀프리더십과 정서지능의 관계에 대한 단순회귀모형
2단계: 셀프리더십과 업무성과의 관계에 대한 단순회귀모형
3단계: 셀프리더십, 정서지능과 업무성과의 관계에 대한 다중회귀모형

[SPSS 명령] – 매개효과 검증 1단계

1. 분석(A) → 회귀분석(R) → 선형(L)을 클릭한 후 아래 화면과 같이 설정하고 **확인**을 클릭한다.

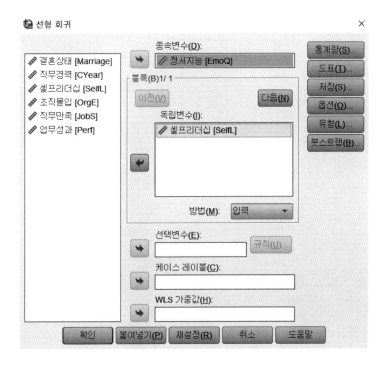

[SPSS 출력결과 및 해석] – 매개효과 검증 1단계

ANOVA[a]

모형		제곱합	자유도	평균제곱	F	유의확률
1	회귀	6.541	1	6.541	56.835	.000[b]
	잔차	48.334	420	.115		
	전체	54.875	421			

a. 종속변수: 정서지능
b. 예측자: (상수), 셀프리더십

계수[a]

모형		비표준화 계수		표준화 계수	t	유의확률
		B	표준화 오류	베타		
1	(상수)	2.429	.153		15.878	.000
	셀프리더십	.330	.044	.345	7.539	.000

a. 종속변수: 정서지능

[SPSS 명령] - 매개효과 검증 2단계

1. 분석(A) → 회귀분석(R) → 선형(L)을 클릭한 후 아래 화면과 같이 설정하고 **확인**을 클릭한다.

[SPSS 출력결과 및 해석] - 매개효과 검증 2단계

ANOVA^a

모형		제곱합	자유도	평균제곱	F	유의확률
1	회귀	19.083	1	19.083	119.053	.000^b
	잔차	67.321	420	.160		
	전체	86.403	421			

a. 종속변수: 업무성과
b. 예측자: (상수), 셀프리더십

계수^a

모형		비표준화 계수		표준화 계수	t	유의확률
		B	표준화 오류	베타		
1	(상수)	1.621	.181		8.977	.000
	셀프리더십	.564	.052	.470	10.911	.000

a. 종속변수: 업무성과

[SPSS 명령] – 매개효과 검증 3단계

1. **분석(A) → 회귀분석(R) → 선형(L)**을 클릭한 후 아래 화면과 같이 설정하고 **확인**을 클릭한다.

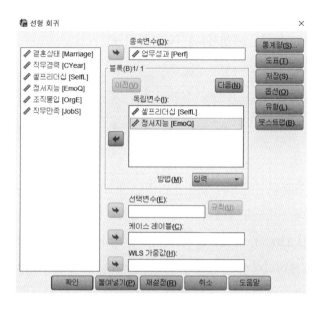

[SPSS 출력결과 및 해석] – 매개효과 검증 3단계

ANOVA[a]

모형		제곱합	자유도	평균제곱	F	유의확률
1	회귀	31.314	2	15.657	119.083	.000[b]
	잔차	55.089	419	.131		
	전체	86.403	421			

a. 종속변수: 업무성과
b. 예측자: (상수), 정서지능, 셀프리더십

계수[a]

모형		비표준화 계수 B	비표준화 계수 표준화 오류	표준화 계수 베타	t	유의확률
1	(상수)	.399	.207		1.928	.054
	셀프리더십	.398	.050	.332	7.977	.000
	정서지능	.503	.052	.401	9.645	.000

a. 종속변수: 업무성과

매개효과 검증을 위한 세 가지 회귀분석 결과들을 정리하면 〈표 6-2〉와 같다.

〈표 6-2〉 셀프리더십과 업무성과의 관계 – 정서지능의 매개효과

단계	모형		회귀계수 B		표준오차
1	셀프리더십 → 정서지능	a	0.330	s_a	0.044
2	셀프리더십 → 업무성과	b	0.564	s_b	0.052
3	(셀프리더십, 정서지능) → 업무성과	c	0.503	s_c	0.052
		d	0.398	s_d	0.050

위의 표에서 셀프리더십이 업무성과에 미치는 총 효과의 크기는 b = 0.564이고, 이 총 효과는 셀프리더십이 업무성과에 미치는 직접효과의 크기인 d = 0.398과 간접효과의 크기인 a·c = 0.330 × 0.503 = 0.166의 합과 같다는 것을 확인할 수 있다.

다음 단계로, 셀프리더십이 업무성과에 미치는 간접효과의 유의성을 살펴보기 위한 검정통계량 T_0을 다음과 같이 구할 수 있다.

$$T_0 = \frac{a \cdot c}{\sqrt{c^2 s_a^2 + a^2 s_c^2 + s_a^2 s_c^2}} = \frac{0.33 \times 0.503}{\sqrt{0.503^2 \times 0.044^2 + 0.33^2 \times 0.052^2 + 0.044^2 \times 0.052^2}}$$
$$= 5.91$$

검정통계량 T_0의 값이 5.91로 1.96보다 매우 크기 때문에, 매개효과가 없다는 귀무가설은 기각이 된다. 따라서 셀프리더십과 업무성과의 관계에서 정서지능은 매개변수 역할을 하고 있다는 것이 입증되었다.

5. 실습 문제 5 - 조절효과 분석

> 셀프리더십과 정서지능이 업무성과에 영향을 미치는 관계에서 결혼상태의 조절
> 효과를 검증하시오.

[SPSS 명령]

1. 분석(A) → 일반선형모형(G) → 일변량(U) → 재설정(R)을 클릭한 후 아래 화면과 같이
   설정하고 모형(M)을 클릭한다.

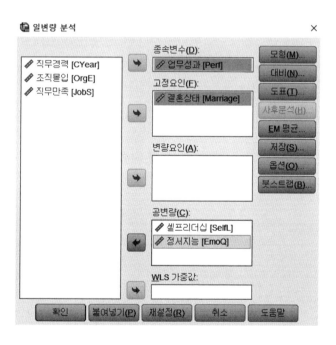

2. 다음 화면과 같이 설정한 후 **계속(C)**을 클릭하고 **확인**을 클릭한다.

[SPSS 출력결과 및 해석]

개체-간 효과 검정

종속변수: 업무성과

소스	제 III 유형 제곱합	자유도	평균제곱	F	유의확률
수정된 모형	36.533[a]	5	7.307	60.949	.000
절편	.545	1	.545	4.550	.034
SelfL	5.586	1	5.586	46.600	.000
EmoQ	8.198	1	8.198	68.383	.000
Marriage	.497	1	.497	4.149	.042
Marriage * SelfL	.103	1	.103	.861	.354
Marriage * EmoQ	.410	1	.410	3.416	.065
오차	49.870	416	.120		
전체	5490.975	422			
수정된 합계	86.403	421			

a. R 제곱 = .423 (수정된 R 제곱 = .416)

출력결과를 살펴보면 결혼상태와 셀프리더십의 상호작용(Marriage*SelfL)에 대한 유의확률이 .354로 일반적인 유의수준 .05보다 크다. 따라서 모형에서 이 항을 제거할 필요가 있다. 아울러, 정서지능(EmoQ)이 셀프리더십(SelfL) 보다 업무성과를 더 많이 설명하고 있기 때문에 정서지능을 먼저 투입할 필요가 있다.

[SPSS 명령]

1. **분석(A) → 일반선형모형(G) → 일변량(U) → 재설정(R)**을 클릭한 후 아래 화면과 같이 설정하고 **모형(M)**을 클릭한다.

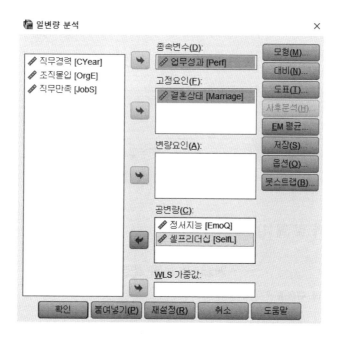

2. 다음 화면과 같이 설정한 후 **계속(C)**을 클릭하고 **확인**을 클릭한다.

[SPSS 출력결과 및 해석]

개체-간 효과 검정

종속변수: 업무성과

소스	제 III 유형 제곱합	자유도	평균제곱	F	유의확률
수정된 모형	36.430[a]	4	9.107	75.997	.000
절편	.690	1	.690	5.760	.017
EmoQ	9.491	1	9.491	79.195	.000
SelfL	6.871	1	6.871	57.333	.000
Marriage	.395	1	.395	3.296	.070
Marriage * EmoQ	.716	1	.716	5.978	.015
오차	49.973	417	.120		
전체	5490.975	422			
수정된 합계	86.403	421			

a. R 제곱 = .422 (수정된 R 제곱 = .416)

출력결과를 살펴보면 결혼상태(Marriage)에 대한 유의확률은 .07로 일반적인 유의수준 .05보다는 크지만 사회과학 분야에서 최대로 허용되는 유의수준 .1보다는 작다. 따라서 일반적인 유의수준을 적용할 경우에는 결혼상태(Marriage) 변수는 모형에서 제거되어야 한다. 하지만 사회과학에서는 유의수준 .1도 약한 유의성을 판단하는 기준으로 사용되기 때문에 모형 속에 집어넣을 수도 있다. 이에 대한 판단은 연구자의 선택이다. 결혼상태 변수가 모형 속에 있을 경우 혼인상태에 따라서 추정 회귀식의 절편이 다르게 나타난다. 하지만 조절효과를 입증하는 측면에서는 절편이 다르게 나타나던지 같게 나타나는지는 주요한 관심사가 아니다. 따라서 결혼상태(Marriage)를 모형에서 제거한 (유의수준 .05를 기준으로) 모형을 살펴볼 필요가 있다.

[SPSS 명령]

1. 분석(A) → 일반선형모형(G) → 일변량(U) → 모형(M)을 클릭한 후 아래 화면과 같이 설정한다.

2. 계속(C)을 클릭한 후 **확인**을 클릭한다.

[SPSS 출력결과 및 해석]

개체-간 효과 검정

종속변수: 업무성과

소스	제 III 유형 제곱합	자유도	평균제곱	F	유의확률
수정된 모형	36.035[a]	3	12.012	99.683	.000
절편	1.477	1	1.477	12.255	.001
EmoQ	10.068	1	10.068	83.556	.000
SelfL	7.119	1	7.119	59.083	.000
Marriage * EmoQ	4.721	1	4.721	39.180	.000
오차	50.368	418	.120		
전체	5490.975	422			
수정된 합계	86.403	421			

a. R 제곱 = .417 (수정된 R 제곱 = .413)

위의 출력결과에서 유의확률을 살펴보면 정서지능(EmoQ), 셀프리더십(SElfL)이 종속변수 업무성과를 설명하기 위한 설명변수이고, 결혼상태(Marriage)는 정서지능과 업무성과와의 관계에 있어서 조절변수 역할을 하고 있는 것을 확인할 수 있다. 이러한 결과를 논문에서 보고하기 위해서는 제1유형 제곱합에 의한 분산분석표를 구할 필요가 있다.

[SPSS 명령]

1. **분석(A) → 일반선형모형(G) → 일변량(U)**을 클릭한 후 다음 화면과 같이 설정하고 **모형(M)**을 클릭한다.

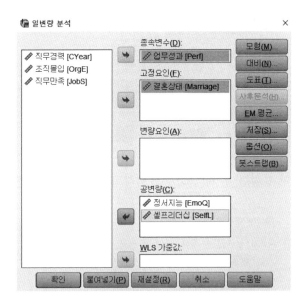

2. 다음 화면과 같이 설정한 후 **계속(C)**을 클릭하고 **EM 평균**을 클릭한다.

3. 다음 화면과 같이 설정한 후 **계속(C)**을 클릭하고 **옵션(O)**을 클릭한다.

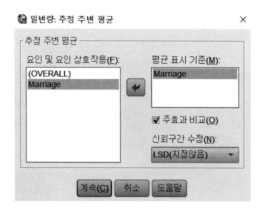

4. 다음 화면과 같이 설정한 후 **계속(C)**을 클릭하고 **옵션(O)**을 클릭한다.

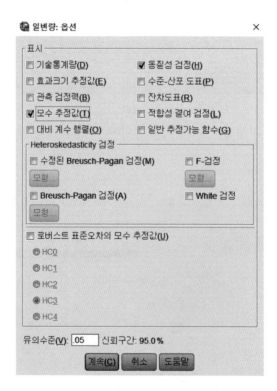

5. **계속(C)**을 클릭한 후 **확인**을 클릭한다.

[SPSS 출력결과 및 해석]

오차 분산의 동일성에 대한 Levene 의 검정[a]

종속변수: 업무성과

F	자유도1	자유도2	유의확률
.729	1	420	.394

여러 집단에서 종속변수의 오차 분산이 동일한
영가설을 검정합니다.

a. Design: 절편 + EmoQ + SelfL +
Marriage * EmoQ

개체-간 효과 검정

종속변수: 업무성과

소스	제 I 유형 제곱합	자유도	평균제곱	F	유의확률
수정된 모형	36.035[a]	3	12.012	99.683	.000
절편	5404.572	1	5404.572	44851.787	.000
EmoQ	22.948	1	22.948	190.442	.000
SelfL	8.366	1	8.366	69.426	.000
Marriage * EmoQ	4.721	1	4.721	39.180	.000
오차	50.368	418	.120		
전체	5490.975	422			
수정된 합계	86.403	421			

a. R 제곱 = .417 (수정된 R 제곱 = .413)

개체-간 효과 검정 출력결과를 토대로 논문작성을 위한 제1유형 제곱합 기반 분산분석표를 다음과 같이 작성 할 수 있다.

〈정서지능, 셀프리더십과 업무성과의 관계에서의 결혼상태의 조절효과 분산분석표〉

요인	제곱합	자유도	평균제곱합	F-값
모형	36.035	3	12.012	99.683***
정서지능(EmoQ)	22.948	1	22.948	190.442***
셀프리더십(SelfL)	8.366	1	8.366	69.426***

요인	제곱합	자유도	평균제곱합	F-값
결혼상태와 정서지능의 상호작용 (Marriage*EmoQ)	4.721	1	4.721	39.180***
오차	50.368	418	0.12	
전체(수정)	86.403	421		

주) *** p < .001

모수 추정값

종속변수: 업무성과					95% 신뢰구간	
모수	B	표준오차	t	유의확률	하한	상한
절편	.715	.204	3.501	.001	.314	1.117
EmoQ	.495	.050	9.921	.000	.397	.594
SelfL	.369	.048	7.687	.000	.275	.463
[Marriage=1.00] * EmoQ	-.070	.011	-6.259	.000	-.092	-.048
[Marriage=2.00] * EmoQ	0ª	.	.	.	.	.

a. 현재 모수는 중복되므로 0으로 설정됩니다.

모수 추정값 출력결과를 활용하여 결혼상태에 따른 업무성과(Perf)의 추정 회귀식을 작성할 수 있다. 기준 집단인 기혼자([Marriage = 2.00])인 경우의 업무성과는

$$\text{Perf} = 0.715 + 0.495 \times \text{EmoQ} + 0.369 \times \text{SelfL}$$

으로 추정되고, 미혼자([Marriage = 1.00])인 경우의 업무성과는

$$\text{Perf} = 0.715 + 0.495 \times \text{EmoQ} + 0.369 \times \text{SelfL} - 0.07 \times \text{EmoQ}$$
$$= 0.715 + 0.425 \times \text{EmoQ} + 0.369 \times \text{Self}$$

로 추정된다. 이는 미혼자의 경우 정서지능이 1점 증가할 때 업무성과는 0.425점 증가하는 것에 비하여, 기혼자의 경우에는 정서지능이 1점 증가할 때 업무성과는 0.495점 증가하는 것으로, 정서지능이 업무성과에 미치는 영향력이 미혼자 보다 기혼자가 더 크다는 것을 의미한다.

추정값

종속변수: 업무성과

결혼상태	평균	표준오차	95% 신뢰구간	
			하한	상한
미혼	3.518[a]	.020	3.479	3.556
기혼	3.767[a]	.035	3.699	3.835

a. 모형에 나타나는 공변량은 다음 값에 대해 계산됩니
다.: 정서지능 = 3.5750, 셀프리더십 = 3.4709.

대응별 비교

종속변수: 업무성과

(I) 결혼상태	(J) 결혼상태	평균차이(I-J)	표준오차	유의확률[b]	차이에 대한 95% 신뢰구간[b]	
					하한	상한
미혼	기혼	-.250[*]	.040	.000	-.328	-.171
기혼	미혼	.250[*]	.040	.000	.171	.328

추정 주변 평균을 기준으로

*. 평균차이는 .05 수준에서 유의합니다.

b. 다중비교를 위한 수정: 최소유의차 (수정하지 않은 상태와 동일합니다.)

앞의 출력결과는 미혼자의 업무성과보다 기혼자의 업무성과가 높게 나타났다는 것을 의미한다. 조절효과 모형을 그림으로 표현하면 다음 그림과 같이 표현할 수 있다.

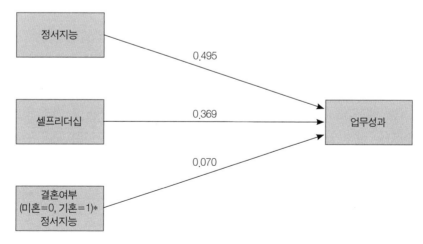

[정서지능, 셀프리더십과 업무성과의 관계에서 결혼상태의 조절효과]

위의 조절효과 모형 그림에서 결혼상태가 미혼자를 기준으로 하는 더미변수 결혼여부(미혼 = 0, 기혼 = 1)를 설정하였다. 이는 SPSS 일반선형모형 **모수 추정값** 출력결과에서 기혼자를 기준 집단으로 설정하여(미혼자 = 1, 기혼자 = 2) 분석한 결과와는 상호작용 항에 해당되는 계수의 부호가 반대로 바뀌게 되기 때문이다. 앞의 그림은 다음 그림과 같은 형태로도 표현될 수 있다.

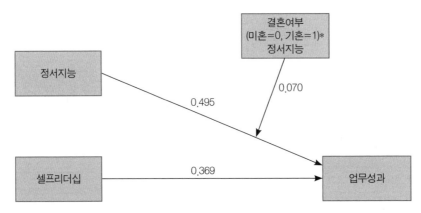

[정서지능, 셀프리더십과 업무성과의 관계에서 결혼상태의 조절효과]

[Note] 결혼상태 변수 대신 결혼여부를 나타내는 더미변수(미혼 = 0, 기혼 = 1)을 설정한 후 위의 조절효과 모형을 분석하고, 그 결과를 위의 결과와 비교하시오.

조절효과 모형을 토대로 종합적인 해석과 결론을 내리는 것은 중요하다. 이에 대한 해석은 전적으로 연구자의 역량에 달려있는 것이다. 위의 예제에서의 결과를 토대로 가능한 종합적인 결론은, 정서지능과 셀프리더십이 업무성과에 미치는 영향력의 크기는 정서지능, 셀프리더십의 순이고, 셀프리더십의 효과를 통제한 후 정서지능이 업무성과에 미치는 영향력은 미혼자보다 기혼자의 경우에 더 크게 나타나고 있다는 것이다. 이러한 결과를 토대로 연구자는 자신의 실무적인 경험과 연구주제와 관련된 선행연구 결과와 이론을 토대로 한 지식을 바탕으로 해석하여야 한다. 이러한 해석과정을 데이터 명상(data meditation)이라고 부를 수 있다.

6. 실습 문제 6 – 위계적 회귀분석

결혼상태, 직무경력, 셀프리더십, 정서지능, 조직몰입, 직무만족이 업무성과에 영향을 미치는 단계별 변화를 살펴보기 위하여 위계적 회귀분석을 아래와 같은 단계로 설정하고 분석하시오.
1단계: 결혼상태, 직무경력
2단계: 셀프리더십
3단계: 정서지능, 조직몰입
4단계: 직무만족

위계적 회귀분석을 시행하는 방법은 **회귀분석(R)**을 이용하는 방법과 **일반선형모형(G)**을 이용하는 방법이 있다. 1단계에서 투입되는 결혼상태와 변수는 미혼/기혼을 나타내는 집단 변수(미혼 = 1, 기혼 = 2)로 코딩되어있으며, 직무경력은 다중집단 변수(1년 미만 = 1, 5년 미만 = 2, 10년 미만 = 3, 10년 이상 = 4)로 동일 간격으로 이루어진 등간척도(interval scale)가 아니라 경력의 상대적인 순위를 나타내는 순위척도(ordinal scale)이다. 따라서 결혼과 직무경력 변수 모두 연속형 변수로 간주하기에는 무리가 많다. **일반선형모형(G)**에서는 집단변수의 어느 수준을 기준집단으로 하여 각 수준에 대한 상대적인 회귀계수가 추정되기 때문에 집단변수가 범주형 또는 연속형인 경우 모두 집단변수의 영향력을 나타내는 회귀계수로 추정된다. 하지만 **회귀분석(R)**에서는 모든 변수가 연속형 변수로 간주되어서 분석되기 때문에 **회귀분석(R)**을 사용하기 위해서는 집단변수를 더미변수 형태로 바꾸어서 모형에 투입하여야 한다.

우선적으로 위계적 회귀분석을 위하여 1단계에 투입되는 결혼상태와 직무경력에 대응되는 더미변수를 작성할 필요가 있다.

[SPSS 명령]

⊙ 결혼상태에 대한 더미변수를 정의하는 방법

1. 변환(T) → 더미변수 작성을 클릭한 후 다음 화면과 같이 설정한다.

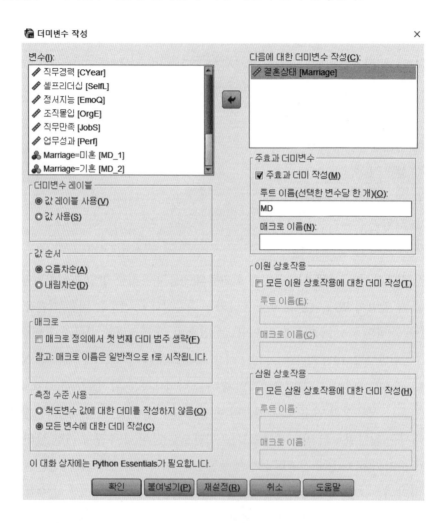

2. 확인을 클릭한다.

⊙ 직무경력에 대한 더미변수를 정의하는 방법

3. 변환(T) → 더미변수 작성을 클릭한 후 다음 화면과 같이 설정한다.

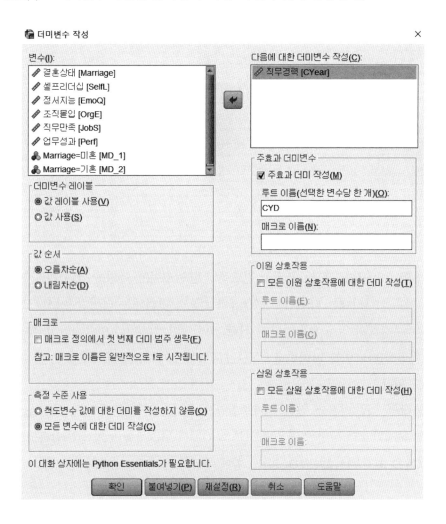

4. 확인을 클릭한다.

[SPSS 출력결과]

	이름	유형	너비	소수점이...	레이블	값	결측값	열	맞춤	측도	역할
1	Marriage	숫자	8	2	결혼상태	{1.00, 미혼}...	없음	8	오른쪽	척도	입력
2	CYear	숫자	8	2	직무경력	{1.00, 1년미...	없음	8	오른쪽	척도	입력
3	SelfL	숫자	8	2	셀프리더십	없음	없음	12	오른쪽	척도	입력
4	EmoQ	숫자	8	2	정서지능	없음	없음	10	오른쪽	척도	입력
5	OrgE	숫자	8	2	조직몰입	없음	없음	10	오른쪽	척도	입력
6	JobS	숫자	8	2	직무만족	없음	없음	10	오른쪽	척도	입력
7	Perf	숫자	8	2	업무성과	없음	없음	14	오른쪽	척도	입력
8	MD_1	숫자	8	2	Marriage=미혼	없음	없음	10	오른쪽	명목형	입력
9	MD_2	숫자	8	2	Marriage=기혼	없음	없음	10	오른쪽	명목형	입력
10	CYD_1	숫자	8	2	CYear=1년미만	없음	없음	10	오른쪽	명목형	입력
11	CYD_2	숫자	8	2	CYear=1-5년미만	없음	없음	10	오른쪽	명목형	입력
12	CYD_3	숫자	8	2	CYear=5-10년...	없음	없음	10	오른쪽	명목형	입력
13	CYD_4	숫자	8	2	CYear=10년이상	없음	없음	10	오른쪽	명목형	입력

　　IBM SPSS Statistics Data Editor 윈도우의 **변수 보기(V)** 화면을 살펴보면, 결혼상태의 경우 미혼을 나타내는 다미변수 MD_1과 기혼을 나타내는 더미변수 MD_2가 생성되었고, 직무경력의 경우 1년 미만인 집단, 5년 미만인 집단, 10년 미만인 집단, 10년 이상인 집단을 나타내는 더미변수 CYD_1, CYD_2, CYD_3, CYD_4가 생성된 것을 확인할 수 있다.

　　결혼상태의 경우 미혼인 집단을 기준집단으로 하고, 직무경력의 경우 10년 이상인 집단을 기준집단으로 설정할 경우 회귀분석(R)에서 MD_2를 모형에 투입하고, 직무경력에서 CYD_1, CYD_2, CYD_3를 모형에 투입하면 된다.

[SPSS 명령]

1. **분석**(A) → **회귀분석**(R) → **선형**(L)을 클릭한 후 아래와 같이 설정한 후 통계량(S)을 클릭한다.

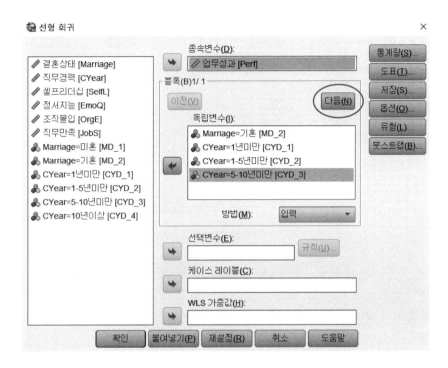

2. 다음 화면과 같이 설정한 후 **계속**(C)을 클릭하고 **다음**(N)을 클릭한다.

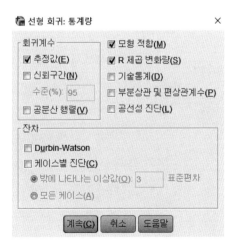

3. 아래 화면과 같이 설정한 후 **다음(N)**을 클릭한다.

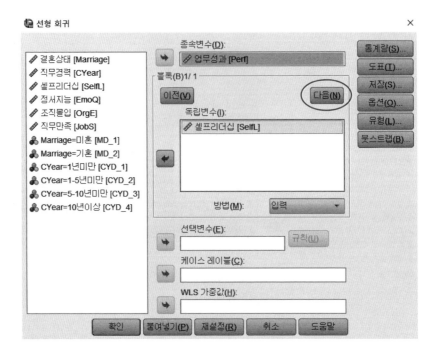

4. 아래 화면과 같이 설정한 후 **다음(N)**을 클릭한다.

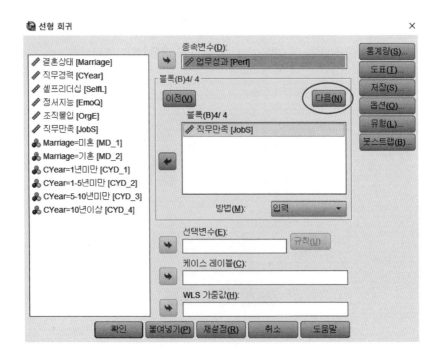

[SPSS 출력결과 및 해석]

모형 요약

모형	R	R 제곱	수정된 R 제곱	추정값의 표준오차	통계량 변화량				
					R 제곱 변화량	F 변화량	자유도1	자유도2	유의확률 F 변화량
1	.515[a]	.265	.258	.39024	.265	37.591	4	417	.000
2	.645[b]	.416	.409	.34822	.151	107.703	1	416	.000
3	.725[c]	.526	.518	.31452	.110	47.969	2	414	.000
4	.735[d]	.541	.532	.30997	.015	13.246	1	413	.000

a. 예측자: (상수), CYear=5-10년미만, Marriage=기혼, CYear=1년미만, CYear=1-5년미만

b. 예측자: (상수), CYear=5-10년미만, Marriage=기혼, CYear=1년미만, CYear=1-5년미만, 셀프리더십

c. 예측자: (상수), CYear=5-10년미만, Marriage=기혼, CYear=1년미만, CYear=1-5년미만, 셀프리더십, 정서지능, 조직몰입

d. 예측자: (상수), CYear=5-10년미만, Marriage=기혼, CYear=1년미만, CYear=1-5년미만, 셀프리더십, 정서지능, 조직몰입, 직무만족

ANOVA[a]

모형		제곱합	자유도	평균제곱	F	유의확률
1	회귀	22.899	4	5.725	37.591	.000[b]
	잔차	63.504	417	.152		
	전체	86.403	421			
2	회귀	35.959	5	7.192	59.309	.000[c]
	잔차	50.444	416	.121		
	전체	86.403	421			
3	회귀	45.449	7	6.493	65.635	.000[d]
	잔차	40.954	414	.099		
	전체	86.403	421			
4	회귀	46.722	8	5.840	60.785	.000[e]
	잔차	39.681	413	.096		
	전체	86.403	421			

a. 종속변수: 업무성과

b. 예측자: (상수), CYear=5-10년미만, Marriage=기혼, CYear=1년미만, CYear=1-5년미만

c. 예측자: (상수), CYear=5-10년미만, Marriage=기혼, CYear=1년미만, CYear=1-5년미만, 셀프리더십

d. 예측자: (상수), CYear=5-10년미만, Marriage=기혼, CYear=1년미만, CYear=1-5년미만, 셀프리더십, 정서지능, 조직몰입

e. 예측자: (상수), CYear=5-10년미만, Marriage=기혼, CYear=1년미만, CYear=1-5년미만, 셀프리더십, 정서지능, 조직몰입, 직무만족

<h2>계수^a</h2>

모형		비표준화 계수		표준화 계수	t	유의확률
		B	표준화 오류	베타		
1	(상수)	3.860	.058		66.341	.000
	Marriage=기혼	.105	.060	.099	1.759	.079
	CYear=1년미만	-.652	.075	-.523	-8.640	.000
	CYear=1-5년미만	-.354	.063	-.390	-5.623	.000
	CYear=5-10년미만	-.268	.066	-.218	-4.064	.000
2	(상수)	2.148	.173		12.426	.000
	Marriage=기혼	.087	.053	.082	1.633	.103
	CYear=1년미만	-.586	.068	-.470	-8.666	.000
	CYear=1-5년미만	-.270	.057	-.297	-4.744	.000
	CYear=5-10년미만	-.218	.059	-.177	-3.692	.000
	셀프리더십	.478	.046	.398	10.378	.000
3	(상수)	.945	.199		4.739	.000
	Marriage=기혼	.020	.049	.019	.418	.676
	CYear=1년미만	-.539	.061	-.433	-8.801	.000
	CYear=1-5년미만	-.211	.052	-.232	-4.061	.000
	CYear=5-10년미만	-.145	.054	-.118	-2.696	.007
	셀프리더십	.310	.045	.258	6.835	.000
	정서지능	.402	.047	.321	8.631	.000
	조직몰입	.111	.030	.140	3.659	.000
4	(상수)	.790	.201		3.932	.000
	Marriage=기혼	.028	.048	.026	.571	.568
	CYear=1년미만	-.558	.061	-.448	-9.214	.000
	CYear=1-5년미만	-.232	.052	-.256	-4.506	.000
	CYear=5-10년미만	-.148	.053	-.120	-2.784	.006
	셀프리더십	.294	.045	.245	6.550	.000
	정서지능	.379	.046	.302	8.166	.000
	조직몰입	.024	.038	.030	.625	.532
	직무만족	.185	.051	.168	3.640	.000

a. 종속변수: 업무성과

출력결과를 이용하여 다음과 같이 위계적 회귀분석의 단계별 분석결과를 나타내는 표를 작성할 수 있다.

〈업무성과에 대한 위계적 회귀분석〉

		비표준화계수(B)			
		1단계	2단계	3단계	4단계
상수		3.860***	2.148***	0.945***	0.790***
1단계 변수	기혼 더미변수	0.105	0.087	0.020	0.028
	1년 미만 더미변수	−0.652***	−0.586***	−0.539***	−0.558***
	5년 미만 더미변수	−0.354***	−0.270***	−0.211***	−0.232***
	10년 미만 더미변수	−0.268***	−0.218***	−0.145***	−0.148***
2단계 변수	셀프리더십		0.478***	0.310***	0.294***
3단계 변수	정서지능			0.402***	0.379***
4단계 변수	조직몰입			0.111**	0.024
	직무만족				0.185***
R^2		.265	.416	.526	.541
ΔR^2		−	.151	.110	.015
F-값		37.591	59.309	65.635	60.785
자유도		(4, 417)	(5, 416)	(7, 414)	(8, 413)
유의확률		< .001	< .001	< .001	< .001

주) *** $p < .001$, ** $p < .01$, * $p < .05$

[Note] 위 위계적 회귀분석 결과를 **일반선형모형(G)**을 이용하여서 동일한 결과를 얻을 수 있다는 것을 확인하시오.

7. 실습 문제 7 - 최적모형 탐색

> 결혼상태, 직무경력, 셀프리더십, 정서지능, 조직몰입, 직무만족이 업무성과에 영향을 미치는 관계에 대한 최적모형을 탐색하시오(유의수준은 .1로 설정하시오.)

탐색적인 방법으로 찾을 수 있는 적절한 모형은 유일하지 않다. 여기서 적절하다는 의미는 설명변수가 모두 종속변수를 설병하기에 유의하다는 의미이다. 연구자의 입장에서 최적의 모형이란 적절한 모형으로서 이론적인 측면에서 해석이 가능하고 현실을 잘 설명할 수 있으면서 간단한 모형이라고 볼 수 있다. 아론적인 측면에서 해석이 가능하다는 것은 관계된 연구분야의 연구결과와 이론에 의해서 뒷받침 될 수 있어야 한다는 것이며, 현실을 잘 설명하여야 한다는 것은 연구자의 실무적이고 전문적인 경험에 의해서 그 현상이 모형에 의해서 설명될 수 있어야 한다는 의미이다. 간단한 모형의 의미는 모형에 대한 설명력이 크게 손상되지 않는다면 가능한 간단한 모형이 좀 더 용이하다는 의미이다.

위 실습문제에 대한 한 가지 적절한 모형에 대한 출력결과는 다음과 같다. 이는 독자가 독립적으로 찾아보기 바란다.

개체-간 효과 검정

종속변수: 업무성과

소스	제 l 유형 제곱합	자유도	평균제곱	F	유의확률
수정된 모형	48.289[a]	13	3.715	39.762	.000
절편	5404.572	1	5404.572	57853.684	.000
EmoQ	22.948	1	22.948	245.649	.000
SelfL	8.366	1	8.366	89.552	.000
CYear	12.738	3	4.246	45.452	.000
OrgE	1.380	1	1.380	14.776	.000
CYear * JobS	1.886	4	.471	5.047	.001
CYear * OrgE	.971	3	.324	3.464	.016
오차	38.115	408	.093		
전체	5490.975	422			
수정된 합계	86.403	421			

a. R 제곱 = .559 (수정된 R 제곱 = .545)

찾아보기